[肯尼亚] **卡莱斯·朱马** (Calestous Juma) 著　**孙红贵　杨　泓** 译

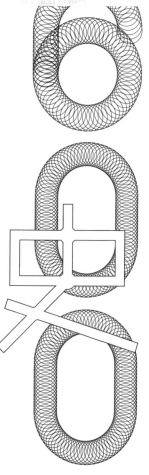

Innovation And Its Enemies
WHY PEOPLE RESIST NEW TECHNOLOGIES

# 600 年人类科技革新的
# 激烈挑战及未来启示

南方出版传媒
广东人民出版社
·广州·

图书在版编目（CIP）数据

创新进化史 / （肯尼亚）卡莱斯·朱马著；孙红贵，
杨泓译. — 广州：广东人民出版社，2019.9
　　ISBN 978-7-218-13720-9

　　Ⅰ. ①创… 　Ⅱ. ①卡…②孙…③杨… 　Ⅲ. ①技术革
新—技术史—世界 　Ⅳ. ①N091

中国版本图书馆CIP数据核字（2019）第145512号

CHUANGXIN JINHUA SHI
## 创新进化史

[肯尼亚]卡莱斯·朱马　著　　孙红贵　杨　泓　译　　　　　版权所有　翻印必究

出 版 人：肖风华

策　　　划：中资海派
执行策划：黄　河　桂　林
责任编辑：胡艺超　王立东　梁敏岚　赵冬骏
特约编辑：张　帝　羊桓汶辛　温敏超
版式设计：汪勋辽
封面设计：中资海派·蔡炎斌
　　　　　0755-25970306

出版发行：广东人民出版社
地　　址：广州市海珠区新港西路204号2号楼（邮政编码：510300）
电　　话：（020）85716809（总编室）
传　　真：（020）85716872
网　　址：http://www.gdpph.com
印　　刷：深圳市福圣印刷有限公司
开　　本：787mm×1092mm　1/32
印　　张：10　字　　数：198千
版　　次：2019年9月第1版　2019年9月第1次印刷
定　　价：65.00元

如发现印装质量问题，影响阅读，请与出版社（020-85716808）联系调换。
售书热线：（020）85716826

**理查德·J. 罗伯茨爵士（Sir Richard J. Roberts）**
**诺贝尔生理学或医学奖获得者，新英格兰生物学实验室首席科学家**

我们都知道，革命性的创新通常很难被迅速接受。朱马教授通过几个创新史上的经典案例向我们展示了古往今来的创新者所面对的困境，并提供了能帮助创新者避免大部分困境的指导与启示，例如，在早期阶段与受众接洽是个好主意；利益相关者对创新的态度不尽相同，当创新会严重扰乱现存的经济体系和社会结构时，反对自然在情理之中。对于那些希望能在创新的进化浪潮中站得住脚的人而言，这是一本必读书。

**荣育·育塔翁教授（Prof. Yongyuth Yuthavong）**
**泰国前副总理、科技部前部长**

我们见惯了太多的科技创新，以至于忽略了这些创新被认可前受到了大众或利益相关者怎样的抵触。例如，当大多数人试图去了解目前已被广泛应用的电力、制冷技术和音乐录制技术的发展史时，一定会感到异常惊讶，更不用说如动植物的基因编辑这样新兴的、仍需接受大众检测的科技了。在本书中，朱马教授详细地研究了创新及其"敌人"，其观点兼具历史性和前瞻性，是一部学者与大众都不应错过的作品。

### 亚历克·布勒斯勋爵（Lord Alec Broers）
### 英国上议院议员，剑桥大学前副校长

《创新进化史》是一部优秀的读物，也是创新人员的参考书，特别是那些直面 21 世纪大挑战的创新人员。卡莱斯·朱马对科技创新是如何被接纳和排斥的详尽分析是十分完整和吸引人的。许多人认为对转基因食品和手机等科技产品的抵触是伴随着最近的科学发展而发生的现象。但卡莱斯·朱马指出，事实上，人们对科技的抵触已经存在好几个世纪了，并进一步解释了，这种抵触是如何消解或已经被消解的。

### N.R. 纳拉亚纳·穆尔蒂（N. R. Narayana Murthy）
### 印孚瑟斯创始人

通过对 600 年科技史的探索，卡莱斯·朱马详细地解析了现代工业、新科技产品或服务的反对力量，人们对变化和冒险的忧虑，以及由"牺牲大我，成全小我"这个错误观念所导致的社会经济的不确定性。本书是创业者、政策制定者和学者的必读书。

**路易丝·O. 弗雷斯科（Louise O. Fresco）**
**荷兰瓦格宁根大学校长**

一部富有见地的作品，一针见血地解析了我们这个时代的悖论，即从科技中受益最多的一代为何如此地抵触科技？作者借助一系列精彩的历史案例——电力、机械制冷、农业机械化、基因改造等——探讨了创新的缘起、专家的作用和怀疑与困惑为什么是不可避免的。这是一本从事技术开发和制定相关政策的人士的必读书。

**克里斯托弗·斯诺登（Christopher Snowden）**
**南安普顿大学董事长兼副校长**

卡莱斯·朱马的这本书为我们了解过去几个世纪社会及个人对科技创新的态度提供了一个有趣的视角。从电力和制冷技术的普及到由人造黄油和转基因作物投放所引发的反应，本书以简单易懂的风格、基于事实的大量调查，为读者展现了诸多精彩的历史案例。当你觉得已经了解了一个故事的时候，别急着放下书，因为下一页可能还有新的转折。

**M.S. 斯瓦米纳坦（M. S. Swaminathan）**
**M.S. 斯瓦米纳坦研究基金会创始人兼主席**

从历史角度看，孟德尔的遗传学让位于分子生物学证明了知识的连续性。而《创新进化史》详尽地解释了创新的连续性及其普及过程中遇到的阻碍，列举了诸如基因改造等一系列科学进程中的"新旧冲突"，并分析了科学知识在快速发展的同时所面临的巨大质疑。本书真是一场及时雨。卡莱斯·朱马博士对创新进化史及其对人类的影响所做的潜心研究，值得我们献上深深的敬意。

**伊恩·布拉奇福德（Ian Blatchford）**
**科学博物馆主管兼行政长官**

创新总是激动人心的，但不全是非黑即白，中间存在着大片的灰色地带，而不同的策略可能在这些灰色地带产生或好或坏的影响。恰当地调度政治资金以及深入了解普通民众对科技的反应，就能在灰色地带创造积极影响。科学家和政界人士都需要这本书。

**罗伯特·兰格（Robert Langer）**
**麻省理工学院戴维·H.科克学院教授**

一部卓越的巨著，剖析了新科技如何诞生，以及为什么社会在初期总是持反对态度。本书中充满了从手机到灯泡等精彩而有趣的案例。我喜欢这本书。

**目 录**

Innovation And Its Enemies

WHY PEOPLE RESIST NEW TECHNOLOGIES

**推荐序一** 　解救被缚的普罗米修斯　1
**推荐序二** 　助推人类社会 2.0　3


**前　　言** 　**人类文明的赫菲斯托斯：创新**

跛足的神祇，创新的代价　5
追根溯源，从动物到上帝　10


**第 1 章** 　**寻找创造性破坏的暴风眼**

拯救匮乏的想象力　3
熊彼特式创新：变革社会的核动力　7
驯养"怪兽"？　14
创新、不确定性和损失　27
以史为鉴，预防下一场技术冲突　32

**第 2 章　涂抹刀上的战争：人造黄油和天然黄油**

黄油初试牛刀　37

战争催生了人造黄油　41

混杂了金钱炮弹的反对之声　43

制造平衡的"椰子奶牛"盟友　56

堂而皇之的游说　62


**第 3 章　马与马力的较量：美国农业机械化**

初级阶段的农业机械化　69

"大萧条"前，拖拉机行业大繁荣　72

马与马力如何共存？　74

罗斯福新政的农业困境　85

一场不对称的竞争　89


**第 4 章　带电的争论：直流电与交流电**

爱迪生照亮了珍珠街　95

交流电逆袭与反扑　104

抹黑电刑：发明家的卑鄙竞争　110

爱迪生设法挽回投资损失　120

被点燃的公众怒火　122

第 5 章　　凛冬将至：几遭冷遇的机械制冷

把冰卖到印度去　131

如火如荼的"冷"战　135

研究制冷，获得"诺奖"　147

攻城略地的冷藏技术　152

无处安放的天然冰业　155


第 6 章　　音乐人之痛：录制技术

录制：让音乐人很受伤　163

爱迪生抢走了音乐家的饭碗？　168

罗斯福总统无法取缔录制的音乐禁令　173

禁令反而成为创新的发动机　180

"创造性毁灭"与"破坏性创造"　183


第 7 章　　当代农业的爱恨胶着：转基因作物

领先的停滞者：欧洲化学企业　191

孤注一掷的孟山都　197

在质疑中，谋求技术领先　203

技术为新兴国家铺设的超车弯道　212

监管的困局　217

**第 8 章　"水优"鲑鱼：游走在监管流程前的转基因动物**

未来 30 年，养殖鱼类增长 3 倍？　230

驾驭生物科技浪潮　232

先行者，被政府拖住后腿　236

浑水才能摸鱼　241

政策制定者的窘境　248

**第 9 章　涂抹润滑油的创新之轮**

引领：领导者对待创新的正确方式　256

大学扮演的角色　260

包容性创新：新旧技术和谐共存的艺术　265

适应性制度支持创新　275

公众教育：新技术与旧现实的缓冲剂　279

创新的函数：掌握技术加速度　287

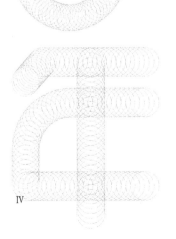

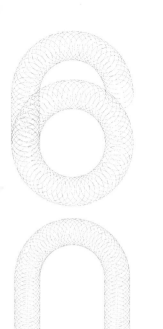

**推荐序一**

Innovation And Its Enemies
WHY PEOPLE RESIST NEW TECHNOLOGIES

深圳市小如科技有限公司董事长

吴小佳

## 解救被缚的普罗米修斯

希腊神话中，普罗米修斯创造了人类并教给人类各种知识，但他更因"盗火者"这一称号闻名于世。其中很大一部分原因是宙斯对他的残酷惩罚——被铁链锁在高加索山的悬崖上，下临可怕的深渊，每天被一只鹰啄食内脏，被啄食的部分马上又长成原状。

鲜为人知的是，普罗米修斯的火种是从赫菲斯托斯那盗取的，而从创新创造的角度讲，这两位希腊神话中的人物可谓是命运相似。

在《创新进化史》的前言中我们了解到，赫菲斯托斯造出了诸神的铠甲、武器和宫殿，自己却是位面丑而足跛、最不完美的神。

1

是因为有得必有失吗？事实远非如此。当我们继续阅读，把书中七项创新被阻碍压制到被采纳流行的历史情景重新过一遍后，我们发现，人类的祖先似乎从一开始就知道这样一个事实：任何的发明创造都伴随着痛苦与牺牲。

通过对人造黄油、机械制冷、转基因作物等七项创新的回顾与审视，《创新进化史》全面深刻地分析了阻碍创新的各种因素：个体和社会的心理因素、既得利益的阻挠、新技术自身的不确定性、文化身份的认同感……

当然，创新引发的争议和冲突往往都是紧张对立的，更为重要的是，"历史不会重演，但我们可以在周围听到它的回声"。因此，在知其所以然之后，卡莱斯·朱马教授在最后的章节为我们提出了针对性的建议：提倡包容性创新、大学与专业机构的广泛参与、促进公共教育等等。

这些建议对我们来说并不陌生，甚至可以说非常熟悉，但创新引发的社会争议依然有增无减，这一方面是因为信息传播的快速简捷，另一方面是因为新事物涌现的速度不断加快。因此，《创新进化史》既可以作为创新的案例教学，又可以看成是对如何创新的再一次强调。两相结合之下，相信普罗米修斯和赫菲斯托斯的悲惨命运在当下以及未来的中国社会必将越来越少。

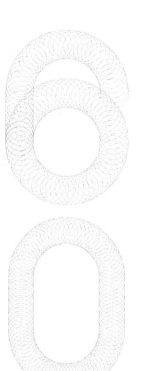

人生赢家商学院创始人

胡兴都

## 助推人类社会 2.0

　　科技的发展往往打破旧的秩序，建立起新的秩序。时下讨论最为热烈的人工智能就是非常鲜明的例子之一。而在中国制造 2025 和德国工业 4.0 的愿景下，创新的地位被提到了前所未有的高度。基于此，《创新进化史》所传达的启示显得尤为重要。

　　回顾历史，本书再现了人造黄油、电力、机械制冷等创新在其传播扩散过程中所遭遇的反对与支持、污蔑与正名。从现代社会往前看，这些我们已经习以为常的创新在当时却被广泛地抵制着。想一想现在的转基因、打车软件和无人驾驶所引起的公众争议，书中案例也就显得合情合理了。关键是，科技的发展日新月异，人性的发展却停滞不前，是否，机器人真的是人类的更高阶形态？

3

中国人常用"不破不立，破而后立"来表达对新事物的支持，而著名的西方经济学家熊彼特则提出了"创造性破坏"一词。我认为，对于当前的中国社会，它们是共通的，而且都具有非常重要的指导意义。最关键的一点就是它们都明确地鼓励创新，这就确保了社会发展方向的正确性，之后的方法论讨论因此才具有了意义。

那么对于人类社会，怎样的措施才能保证我们掌控科技而不是科技掌控我们呢？本书提供的解决方案就具备很好的参考意义，尤其是每个案例后的总结，从具体的事件中提炼出经验教训，使人印象深刻。

正如这几年迅速普及的智能手机一样，我相信，任何伟大的创新都将得到应用。在此之前，我们需要以史为鉴，好好读一读这本书。

前 言

Innovation And Its Enemies
WHY PEOPLE RESIST NEW TECHNOLOGIES

## 人类文明的赫菲斯托斯：创新

> 新思想不仅是旧思想的敌人，而且也经常以极其不可接受
> 的形式出现。

— 卡尔·古斯塔夫·荣格（Carl Gustav Jung）

### 跛足的神祇，创新的代价

要想树敌，最快的办法就是创新。奥地利经济学家约瑟夫·熊彼特（Joseph Schumpeter）在其开创性著作中提出："创新是经济转型的核心力量。"他的大部分学术论著主要阐述了创新如何推动经济发展，以及企业家在经济发展过程中扮演的关键角色。熊彼特认为，创新即创造一些偏离常规的新组合，而这种新组合的开发和推广人员为此将承担巨大压力。他指出，创新可能"被社

会排斥，最终遭到物理性防御或直接攻击，而在原始文化中，这种攻击来得更为凶猛"。

对新技术的抵制常被视为一种暂时现象，且最终会不可避免地被技术进步化解，但熊彼特敏锐地意识到现有技术的力量，并承认"习惯一旦建立，就会像铁路路基一样牢固，不需持续更新和有意识地再生，便可以逐渐植根于潜意识层"。这个比喻为深入分析围绕新技术采用引发的争论，奠定了基础。

本书分析了对创新的激烈反应的根源，并特别关注了新技术支持者和现有产业之间的冲突。我们会想当然地认为，大部分新技术都能经受住社会紧张关系（Social Tension）及演替抵制的威胁，但事实上，技术失败才是常态。在我们为某些改变世界的技术欢欣鼓舞时，却忽略了那些因技术原因或非技术原因夭折的技术，淡忘了随之产生的社会紧张关系。我们读到的多是改变世界的发明，而不是没有改变世界的发明，但在成功与失败之间，还有一个广阔且值得深入探索的领域。

以手机为例。1983 年，手机初次登上美国商业舞台。虽然当时人们认为手机有致癌风险，并在早期型号上贴有警示标签，欧洲一些报纸也建议"未成年人需采取预防措施，例如在拨号和发送短信时，手机应与身体保持一定距离"，但手机仍迅速占领了市场，监管机构也出台了促进手机推广的政策。时至今日，手机已成为银行、健康、教育、证券和社交等服务的新平台。人们对移动通信益处的认知大大超过对其风险的认知。

在手机亮相的同一年，欧洲研究人员证明，基因及其功能可以从一个物种转移到另一个物种。这让世界各地的农民种植转基因作物成为可能。转基因作物具有抵抗病虫害，减少农药使用量以及耐受极端气候变化等优势。然而，这一农业生物技术引发了极大的争议。结果是，争议各方通过谈判达成国际条约，以管制转基因作物的贸易和《联合国生物多样性公约》下相关遗传物质的交换。

2013 年，世界粮食奖被授予马克·冯·蒙塔谷（Marc Van Montagu）、玛丽－戴尔·奇尔顿（Mary-Dell Chilton）和罗伯特·T. 福瑞里（Robert T. Fraley)，以表彰他们在农业生物技术方面取得的突破性成就。但此举受到了生物技术及全球大型农业公司反对者的批评。

一个名为"占领世界粮食奖"的团体组织了游行，谴责颁奖委员会表彰与农业产业化相关的个人，尤其是其中的孟山都公司（Monsanto Corporation）的代表。游行者代表的是一种有利于农业生态的、与农业产业化不同的农业发展方向。

同年，首届伊丽莎白女王工程奖（Queen Elizabeth Prize for Engineering）颁给了互联网的早期开拓者们，高达 100 万英镑的奖金给了那些对全人类有益的突破性创新的项目负责人。罗伯特·卡恩（Robert Kahn）、温顿·瑟夫（Vinton Cerf）和路易斯·普赞（Louis Pouzin）率先开发了互联网基本架构标准；蒂姆·伯纳斯－李（Tim Berners-Lee）创建的万维网（World Wide Web）大

大扩展了互联网在文件传输和电子邮件外的应用；马克·安德森（Marc Andreessen）还是一名大学生时就与一位同学合作，共同开发了马赛克（Mosaic）浏览器，并在全球范围内推广普及。

这些开创性工程改变了人类的沟通方式，创造了依靠旧技术不可能实现的新产业。今天，超过三分之一的世界人口使用互联网，正如铁路是早期工业时代的命脉一样，网络已成为当今数字社会的必要条件。当时，这些开创性工程被顺利采用，后来却成为公众争议的主要根源，如信息获取、财产权、隐私、间谍活动和道德价值观等问题。

公众争议是文明进化的共同特征。在希腊神话中，神祇的创造力是毋庸置疑的。在奥林匹斯山上，工匠和艺术之神赫菲斯托斯（Hephaestus）除了自己的宫殿，还有工作车间。他的作品技艺精湛，有阿喀琉斯的盔甲、宙斯的神盾、阿伽门农的面具、阿芙洛狄忒的传奇腰带、厄洛斯的弓箭、太阳神赫利俄斯的战车、赫拉克勒斯的青铜盾以及赫尔墨斯的翼盔和飞鞋。

赫菲斯托斯还发明了金属机器帮他干活，以及可以自行在奥林匹斯山来回的金轮三脚桌。当然，奥林匹斯山上所有宫殿里的宝座都是他的杰作。普罗米修斯带给人类的火种也来自他的锻造炉。为了平衡赫菲斯托斯的力量，希腊神话把他描绘成不完美的神祇。因此，赫菲斯托斯成了唯一身体残疾的神。

20 世纪 90 年代末，我第一次想写这本书。那时，我在联合国生物多样性公约组织担任行政秘书。担任这一职位时，我参与了众多事务。同时，我还负责监督、启动并促成《卡塔赫纳生物安全议定书》的谈判。该议定书专门用于规范农业生物技术方面的贸易行为。谈判过程充满争议，各国在技术、经济、社会、环境和政治等方面都存在着广泛的分歧。

作为谈判过程的管理者，我观察到各个国家在认识新技术的风险与收益方面存在很大不同。我把它们归纳如下：

〰 在美国，产品被证明有风险前是安全的；

〰 在法国，产品被证明安全前是有风险的；

〰 在英国，即使证明安全，产品也是有风险的；

〰 在印度，即使证明有风险，产品也是安全的；

〰 在加拿大，产品既不安全，也没有风险；

〰 在日本，产品要么安全，要么有风险；

〰 在巴西，产品既是安全的，又是有风险的；

〰 在撒哈拉以南的非洲，产品是有风险的，即使它们并不存在。

外交官们审慎考虑后，却提出了颇为滑稽的结论，这引起了我对这个问题的浓厚兴趣。因此才有了现在这本书。虽然技术争议历来有许多共同特征，但当今的争论却各有其鲜明特点。首先，明显加快的技术创新步伐使人们陷入深深的忧虑之中。这势必造成技术应用速度的减缓。其次，技术发展趋势的全球性以及个人、

社会群体和国家之间的显著差异，加重了人们对社会不平等的担忧。新技术及其相关的商业模式造成了越发严峻的社会紧张关系。最后，现代技术争议产生于公众对公共及私人机构越发不信任的时代。上述因素加剧了人们的普遍忧虑。这些忧虑来自于人类在应对诸如满足自身需求、促进包容性经济发展和解决全球生态问题（如气候变化）等巨大挑战时，留下的令人失望的记录。

## 追根溯源，从动物到上帝

本书认为，创新的必要性与维持社会连续性、秩序和稳定性的压力之间的紧张关系往往催生出技术争议。这些紧张关系来自于科学、技术和工程指数级增长的合力。在理解社会对创新反应的根源方面，本书探讨了技术演替的作用。

转型创新引发的不确定性和稳定性之间的紧张关系正是公众争议和政策挑战的主要根源。一方面，如果没有在适应能力方面形成多样化机制，社会就不能进化并对变化作出反应，如可持续发展的案例所示；但另一方面，如果没有一定程度的制度连续性和稳定性，社会就不能发挥其作用。因此，管理变革与连续性之间的相互作用是政府最关键的职能之一。

新技术引发创新与现状间的紧张关系，其持续时间往往长达几十年，乃至几个世纪。例如，关于人造黄油的争论今天仍然可以在加拿大及其他一些国家听到；基因工程和智能电网等新技术引起了各种争论；同样，引入可再生能源（如风能）以应对气候变化的尝试也引起了世界各地的公众关注。

关于新技术的争议大都围绕道德价值观、人类健康和环境安全展开。但它们背后往往隐藏着更深层次的、不为人所知的社会经济因素。本书论证了这些因素在多大程度上塑造和影响了技术争议，并特别强调了社会制度的作用。书中展示了新技术如何出现、生根，并建立利于自身立足的新制度生态的过程。新技术从出现到中断，接着是占优，然后保持现状。

社会经济的演进往往与技术和制度的持续调整有关。与经典的达尔文主义观点不同，它建立在"自组织"（Self-organization）的概念之上。前者认为，创新来自变异，其生存只能通过选择市场环境加以保证。而后者赋予了变异体更大的权限，使它能够塑造环境以适应自身需求。制度和技术密不可分，没有无技术元素的制度，也没有无制度元素的技术。

现有技术秩序和野心勃勃的新技术相冲突，从而引发争议。大多数技术争议都由不确定的风险和收益驱动，再以观念的形式表达出来。它发生在时间和空间两个维度上。

首先，对短期风险和长期利益分配的看法影响着对新技术的担忧强度。其次，如果人们认为风险会在短期内发生，而收益只能长期获得，那么，他们就很可能会反对新技术；当人们认为创新只让小部分人受益，而风险则将广泛分布时，技术紧张关系

也会大大加剧。最后，威胁要改变文化身份的创新易引起强烈的社会关注。同时，经济和政治上存在巨大不平等的社会也会有更强烈的技术争议。

很大程度上，社会经济变革的过程是社会学习的脚注，对新技术的公开议论就是对新观念的议论。理解这一点的官员能更好地把握社会经济变化的动态并组织政府机构。同制度学习一样，社会学习也将引发人们对科学和创新的关注。

技术争议主要是关于人们对风险的认知，而不一定是风险本身的影响。从它的历史中我们可以得出两个结论。

首先，领导者代表公众作为风险承担者，他的使命是绘制新路径，同时维持社会连续性、秩序和稳定性。在各个层面上，领导者处理创新和连续性之间的紧张关系的方式决定了社会命运。在此，领导者承担着应付不确定性、采纳最好的可行性建议的首要责任。正因如此，科学咨询机构日益成为民主治理的重要组成部分。

其次，公众对科技事务的参与正成为民主话语的核心部分。我们必须更加深入地了解社会紧张气氛的所有来源。有效的风险管理措施既依靠技术评估，也有赖于公众参与。因此，风险沟通（Risk Communication）[1]正成为民主治理的一个重要方面。另外，伴随着人们的科学素养不断提高，以及信息和通信技术

---

[1] 美国国家科学院对风险沟通作过如下定义：风险沟通是个体、群体以及机构之间交换信息和看法的相互作用过程；这一过程涉及多侧面的风险性质及其相关信息，它不仅直接传递与风险有关的信息，也包括表达对风险事件的关注、意见以及相应的反应，或者发布国家或机构在风险管理中的法规和措施等。——译者注（如无特殊说明，以下注解皆为译者注）

在扩大人们获取科学和技术信息方面的作用，公众参与也显得更加重要。

本书汲取了近 600 年技术史，认为创新的必要性与维护社会连续性、秩序和稳定性的压力之间的紧张关系是当今最大的政策挑战之一，同时还揭示了现代技术争议产生于公共和私人机构间的不信任。

全书分三部分。第一部分（第 1 章）提供理解技术创新和社会变革关系的框架。

它概述了如果没有重大技术创新，就无法应对全球性的挑战；并强调了不确定性和现状作为技术争议的关键因素的重要性。它还展现了当前的社会结构如何在技术变革激进期发挥加速器或减速器的作用。

本书的第二部分（第 2 ～ 8 章）借助一些历史事例，介绍了创新因挑战旧秩序而导致的紧张关系。

这些事例包括人造黄油、农业机械化、电力、机械制冷、录制音乐、转基因作物以及转基因鲑鱼。这几个章节提供了多种多样的例证，说明了不同的社会体系会对新技术如何作出反应，以及这些技术如何与社会制度共同进化。

更具体地说，这些章节试图归纳出社会对创新的显著反应：妖魔化新技术，通过看似合法的措施（如法律）限制其使用，以及彻底禁止新技术的努力。除此之外，这些章节还展示了创新的倡导者如何通过改变政治和政策环境来应对社

会变革。换句话来说，这些章节展示了技术创新和制度调整是如何共同进化的。

本书最后一部分（第 9 章）介绍了从案例研究中获得的主要结论和见解，并给出了管理紧张关系的政策选择。

本章强调，作为广泛治理的一部分，科学和创新建议（及应答式教育系统）在管理技术和社会制度共同进化中的作用。本章重点强调了为有效管理技术变革过程以及相关制度调整，重新安排现代治理体系的重要性。它同时指出了对技术管理和创新治理采取更明智、更主动的方法的重要性。

随着全球挑战加剧，政府可能减少对某些技术的支持。这并非因为该技术不能解决问题，而是因为政府不太可能借助包括国家安全在内的理由来获得公众支持。这是真正的风险所在。核电就是其中一个例子。本书使用的技术案例最初都遭到社会的激烈反对，而后被广泛接受。

当然，对于那些被禁止或被限制的有害产品和技术，本书案例并不能减少公众对它们的担忧。从烟草、滴滴涕（DDT）到白炽灯泡，现实生活中有大量此类产品和技术，且其中大多数已被广泛研究过。它们的逐步淘汰，往往是现有行业共同努力的结果。通过利用科学知识，人们对证据有效性和政策行动的必要性提出质疑。这方面的一些研究已经得到学术支持，贯穿了终止产品到终止相关政策的过程。

整体认识表明，除非存在大量等同的案例，新技术或现有技术的风险应该在独立的基础上进行评估，而不是一概而论。本书不针对某一特定产品的安全或风险作出判断，而是试图从案例研究中吸取教训，并建言如何应对新技术催生出的社会紧张关系。

本书中详述的许多教训都超越了技术创新的范围，而能够适用于更广泛的社会创新。社会对新技术的反应为此书提供了丰富的启发和来源，我们因而可以更深入地了解社会文化的进化动态。

# CHAPTER 1

## 第1章

寻找创造性破坏的暴风眼

WHY PEOPLE RESIST NEW TECHNOLOGIES

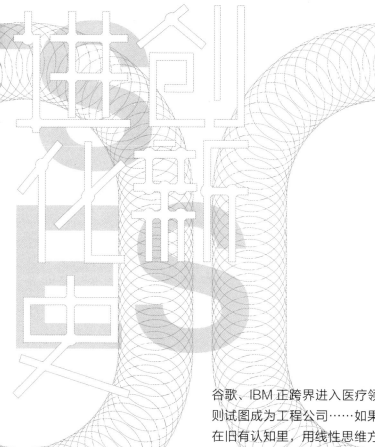

谷歌、IBM 正跨界进入医疗领域，优步则试图成为工程公司……如果你还停留在旧有认知里，用线性思维方式看待周围世界，那么你很快就会怀疑自己是否曾经来过这个世界。

创新与领导者的决断力有着莫大关系，有决断力的领导者能够给创新"插上翅膀"，在技术更替瞬间，抢占先机。

人们对新事物都很开明，只要新事物与旧事物足够相像。

——查尔斯·凯特灵（Charles Kettering）

新千年迎来了经济、社会和生态的三重挑战大潮。如何满足欠发达国家的基本需求？如何解决工业化国家的经济放缓问题？如何应对气候变化？在全球政治格局中，这些问题占据着重要地位。在科学、技术和工程的巨大进步下，新千年也意味着技术乐观主义的发展与形成。人们相信，技术进步可以应对世界上最紧迫的一些挑战。

本章强调，以创新技术应对越来越多的全球性挑战的做法，既受到大部分人的欢迎，也引发了寻求减缓技术变革的社会反应。人们担忧旧事物的失去，而非新事物的产生，这构成了对技术感到不安的社会心理基础。一些反对者甚至抱持着彻头彻尾的反技术态度。个人或团体因而尽量避免创新带来的改变，即使是放弃创新的益处。但人们大部分的担忧都来自主观看法，而不一定是具体的客观证据，它可能是物质性的，也可能是智识和心理上的，比如创新对现有世界观或身份的挑战。

## 拯救匮乏的想象力

世界面临许多重大挑战，它们正越来越引起公众的关注。美国国家工程学院（US National Academy of Engineering）指出，这些挑战分为可持续发展、健康、安全和改善生活四大类。可持续发展包括使太阳能经济适用、利用核聚变能、开发碳封存方法及管理氮循环。改善健康状况则必须提供干净的饮用水、开发出更好的药品、发展卫生信息学以及实施大脑逆向工程。

为了应对安全挑战，需要采取保护信息安全的行动、防止核恐吓、恢复和改善城市基础设施。生活质量的改善则要求提高虚拟现实技术，促进个性化学习并设计科学发现的工具。随着这些挑战的演进，社会的技术创新观念也在发展。这将对技术的应用产生深远影响。

对于技术创新在社会中的作用，人类的认识是不断变化的。这主要有三大原因。第一，从历史上看，技术创新是一个缓慢的过程。而今天，许多新的技术和工程解决方案的生成速度都快于相关辅助机构被设计出来的速度。高速度的创新具有深远的社会意义，如数据收集技术的发展造成隐私泄漏而引起公众敏感。第二，

3

许多领域的创新周期大大缩短，这使得新产品进入市场的速度比前几十年快得多。第三，全球化为新技术和工程实践的快速扩散创造了新机遇。

科学技术知识的指数级增长、文化活动的多样性及通信技术进步导致的时空距离缩短等因素使得产品的研究和发布周期不断缩短。这改变了技术预测的本质，我们因此也需要超前的调控方法。

技术知识的指数级增长将使人们找到低成本、高科技的工程方法以解决持续性发展问题。这些技术还以前所未有的方式重塑着政治格局，且通过组合进化的方式开辟出新的技术机遇。

科学、技术和工程上的进步使人类能设计出曾只存在于想象中的解决方案。这不是社会决定论的观点，而是全球社会生态学知识的增长和新技术产生的可行性共同产生的论断。与发达国家的早期工业化阶段相比，发展中国家如今能获得更多的科学技术知识。一些后发经济体如中国，已经在某些技术上实现了跨越式发展，这一事实更加确认了这种可能性。

人们对技术影响就业的担忧也愈演愈烈。无人驾驶汽车将重构运输、保险和商业运作模式；计算机辅助诊断、机器人手术和无数的医疗设备已经改变了医生的角色和医疗服务方式；人工智能和计算机算法影响着基本决策的制定方式；由大批军事人员在战场上完成的任务已被无人机和其他自动化设备代替。技术进步也改变了产品的发展轨迹。谷歌、IBM 等基于数据的公司正跨入医药研究领域；诸如优步等共享服务公司正在增强机器人技术及其他工程项目的能力。政治领导人如果还坚持线性的世界观，他将在指数级增长前迷失。这些趋势增加了人类社会中的不确定因素，特别是在经济方面。

正如尼古拉斯·卡尔（Nicholas Carr）在其著作《玻璃笼子》（*The Glass Cage*）中所言："（计算机）自动从设备终端进行操作。这使我们更容易获取想要的东西，却也把我们远远地甩在了实际认知之外。"这种不确定性包含了基本的社会趋势，从无法预见新技术的影响到由失去的恐惧驱动的极端反应。

大量案例表明社会经常低估新技术的风险，或在对新技术的风险缺乏足够了解时就采纳应用。现代农业广泛地依赖于化学物质的使用，这就使其成为持久性有机污染物的保护伞。早期，指出化学物质会造成危害的一些先驱作品如蕾切尔·卡森（Rachel Carson）的《寂静的春天》（*Silent Spring*），它用生动的比喻激发了环保运动的兴起。科学知识的增加也揭示出众多化学物质对健康及环境的有害性，从而禁止或限制了它们的使用。

通过组合新产品和整合技术与工程系统，技术的多样性（体现于可交易产品的范围）得到迅速扩张，并激发出人们更大的创造力。这一过程掺杂着人们对风险的进一步认知。其他技术改进则来自于科学家和工程师处理粒子的能力。纳米技术的兴起创造出更大的技术多样性，并为各行业现有的产品增加了新属性。然而这也使人们开始关注国家管理新技术的能力，因为人们逐渐怀疑现有体制安排在保护人类健康和环境完整性方面是否恰当。

技术和工程的进步本身就能解决许多争议。例如，技术进步解决了早期机械制冷的安全问题。同样地，早期拖拉机性能的迅速改进促进了它的应用。当代最引人瞩目的，从人类胚胎获取干细胞的问题，也通过有助于识别其他干细胞来源的方法得到了解决。

技术的丰富性、持续改进性和用户在创新上更大的参与性的结合，将创造出新的途径去解决那些不成熟的技术产生的争议。以英国军队的武器从长弓向火器转变为例。18 世纪的大多数记录显示，长弓比早期燧发枪更有优势。它比子弹射得更快，成本更低且燧发枪打得还不准。士兵们被告知，"射击，等到看见敌人眼中的白眼仁再开枪"。然而，射箭比燧发枪需要更多的训练。由于人们把时间分配到其他运动项目上，射箭的训练量因而下降。

1591 年，伊丽莎白一世颁布法令恢复箭术，禁止和国防无关的运动。她认为箭术是"国家在过去时代获得如此巨大荣誉的武器，应继续使用"，还命令"这些贫穷的制弓匠、造箭匠、制弦匠和箭头制造商人数众多，他们整个家庭的生计都与此行业息息相关，所以箭术要保留，这样他们才能继续保有工作"。不过最终，火器制造技术的进步将箭术变为一项军事潜力不断下降的运动。

总体说来，广泛的相互作用的社会因素确定了新技术的地位和应用程度。正如林恩·怀特（Lynn White）在《中世纪的技术与社会变革》（*Medieval Technology and Social Change*）中所说："接受还是拒绝一项发明，接受之后又能在多大程度上实现其意义，这在很大程度上取决于社会条件、技术性质及领导人的想象力。"

## 熊彼特式创新：变革社会的核动力

前文讨论的是"创造性破坏"（Creative Destruction）。这一词语由奥地利经济学家约瑟夫·熊彼特在其 1942 年出版的著作《资本主义、社会主义和民主》（*Capitalism, Socialism and Democracy*）中首创。熊彼特认为，资本主义是一个系统，必须不断地演变，演变之后就是变革。这种变革需要破除一些旧事物，换上一些新事物，比如用枪炮代替箭术、用手机代替有线电话。要充分把握创造性破坏这一过程的意义和范围，我们需要回到熊彼特最初的思想。

正如熊彼特在 1911 年出版的《经济发展理论》（*The Theory of Economic Development*）中所阐述的，创新是"创造性建构"或进行着的新组合。熊彼特认为，这一任务应由企业家承担。而创新包括五个方面内容：新产品的引进、新工艺的开发、新市场的开放、新材料和半成品的采购，最后是产业的重组。

"创造性破坏"可应用于熊彼特提出的五个创新领域中的任一领域。正如熊彼特阐述的，与创造性破坏相关的创新抵制也发生在这五个领域及新组合扩大的类别中的任一领域。创造性破坏解释了为什么社会各阶层惧怕变化。与此同时，这个概念也能帮助个人拥抱创新。

熊彼特的"创造性破坏"以其普遍的吸引力而流行。它在不同文化中有不同的表现形式。因此，即使不是很精确的定义，它也很容易得到应用。将经济视为生态系统一样的整体，熊彼特阐明了由技术的演替潮引发的经济转型力量，就像铁路出现时所造成的影响那样。他指出，"关键一点是，要把资本主义看作一个进化的过程"，具体阐述为"产业演变的过程……就是不断从内部彻底改革经济结构，不断地破除旧事物和创造新结构。这种创造性破坏的过程就是资本主义的本质事实"。

熊彼特运用非达尔文主义的进化思想挑战经济平衡的观点。他重点研究新组合式的创新引发的变革。以经典事件为例，他认为："铁路的出现，并不是因为任何消费者主动表现出对火车服务的需求。"他又补充了其他例子："在拥有电灯、人造丝袜或通过汽车、飞机旅行，或听收音机、嚼口香糖等方面，消费者都没有表现出任何类似的主动性。"事实上，"消费品的绝大多数变化都由生产者强加给消费者。消费者往往抗拒变化，但又不得不接受精心设计的广告心理学的教育"。

"创造性破坏"的重要特征之一就是技术的颠覆性。"颠覆性创新"（Disruptive Innovation）由此而来。正如克里斯坦森（Christensen）在其最初的理论构想中所指出的，颠覆性创新与模仿性技术的区别在于：相对于"根据主要市场上主流客户历来重视的方面提高现有产品性能"的模仿性技术，颠覆性技术可能开始时表现不佳，但通过技术改进和市场营销，它最终将主导市场。因为它们"通常更简便"。

"颠覆性创新"这一词语通常涵盖了技术创新和商业模式，这使人们很难评估其更广泛的社会影响。其他词语则往往侧重于激进和渐进式技术变革之间的区别，它们通常着重于结果而不是过程，因此只具备有限的分析价值。它们往往没有考虑到这样一个事实：看似小的技术改进可能产生深远的系统性后果。

一种有前景的方案可能聚焦于技术的颠覆性及其社会影响。从这种进化的视角看，"技术的突破或颠覆，始于技术剧烈变化和选择的时代，以单一的主导设计终结。这种突飞猛进的时代之后是渐进的技术进步时代。这个时代可能又会被随后的颠覆性技术打断"。颠覆性技术有多种来源，包括产品、工艺、新市场、组织和原材料等方面。重点是：这些领域中的哪一个创新带来了变革，致使胜者和败者间的平衡发生变化，并引发公众争论。

颠覆性技术的理念为了解企业和市场层面的技术传承提供了出发点。它侧重于现有企业失败的原因，限制新技术在初创企业中的应用是阻止这种失败的解决方案之一。这可以扩展到稍宽视角下的社会技术及创新系统。这些系统的定义是"以不同方式相互作用的社会和技术要素的铰接整体，有别于其环境，它已经开发出了知识的生产、利用和创新的具体形式，且面向社会和经济的特定用途"。

严格说来，有很多例子都不符合克里斯坦森最初提出的"颠覆性技术"框架。以优步为例，它在高端市场起步，但只需拓宽

关于市场混乱的分析框架，而无须扩展克里斯坦森给出的定义。利基市场①的扩张过程太过复杂，需要开放式的分析方法以适应不同的研究目的。

然而真正的挑战是把破坏的逻辑从具体技术扩展到更广泛的社会，以说明创新和现有社会秩序之间的紧张关系。这需要采用不区分社会技术及其所处的创新系统与环境的开放式方法。通过改进与营销，一些新技术得以提升性能并替代旧技术，最终成为主导力量。不仅如此，通过与新制度安排和组织结构的协调，它们还重新安排社会经济版图。正因为此，创新和现有技术之间产生了紧张关系。

本书将着重探讨变革型创新，因为它具有更广泛的社会影响。这可能会、也可能不会纳入到由克里斯坦森或其他社会技术系统的构想定义的颠覆性技术的范畴。在大多数情况下，变革型创新的动力来自颠覆性技术，但也有不符合克里斯坦森构想的变革的其他来源。因此，除非另有说明，本书中所有提及的创新都将被默认为是熊彼特"创造性破坏"意义上的变革型创新。

传统观点简单地把机构定义为保持社会结构稳定的黏合剂。这种静态的观点忽略了机构在创新过程中的作用，更忽略了技术、工程和社会之间的复杂、动态的相互作用。从功能方面来看，机

---

① 利基市场（Niche Market），又译为小众市场。"niche"一词来源于法语。法国人信奉天主教，在建造房屋时，常常在外墙上凿出一个不大的神龛，以供放圣母玛利亚。它虽然小，但边界清晰，洞里有乾坤，因而后来被用来形容大市场中的缝隙市场。20世纪80年代，美国商学院的学者们开始将这一词语引入市场营销领域，是指针对企业的优势细分出来的市场，这个市场不大，而且没有得到令人满意的服务，或者说"有获取利益的基础"。

构在创新中的作用涉及不同活动：提供信息和减少不确定性、管理冲突和合作、提供激励机制、引导资源和保持连续性。

社会机构至少履行六项主要职能。第一是使社会适应变化，通常通过产生和传播新知识技术实现。因此，促进创新的机构在社会经济演进中发挥着极其重要的作用。

社会承担着各种各样的生存任务。从生产食品到维持国家安全，完成这些任务涉及相当多的协调工作。因此，社会机构的第二个职能就是协调并促进不同参与者之间的合作以实现具体目标。这些任务再通过从政府部门到私营企业等具体组织实施。

协调工作包括将具有多种知识、技能、兴趣和观点的人聚集在一起，以实现特定的任务。但这往往是不同参与者间冲突的根源。因此社会设计了机构的第三个职能——管理参与者之间的冲突。

若没有可用的资源（尤其是人力和财政），很多任务就不可能完成。为了完成各种任务，每个社会都创造出各种机构，以产生、调动和分配必要资源。这就是机构的第四个职能。其中最常见的是资助机构，它们分配资源以支持新兴领域的研究。

仅拥有资源还不足以最大限度地激励人们。为了实现这一点，社会创造了具有第五个职能的机构，即为实现目标提供所需的激励。这些激励措施包括知识产权、研究经费的回扣、或给社会相关领域的先驱者奖励等多种形式。

当社会发展出保证生存的各种方法后，要确保它们尽可能地被广泛应用并世代相传的压力会相当大。因此，社会机构的最后

一个职能就是维持连续性。法治、治安、住房法规和各种社会习俗是各机构旨在保持连续性的具体表现。其主要的结果之一是路径依赖或路径锁定的现象，即过去的事件往往预示着未来的发展轨迹。在政治制度上，相关的惯性为新一代创新和寻求保持现状连续性的力量之间的紧张关系创造了条件。

上述大多数职能都是互补的且通过为实现某些职能而创建的组织实施，实际上，它们也反映在公司或政府部门的各类管理人员的职位说明中。然而在更广泛的社会层面，创新以适应变化的需求和保持持续性的压力是大量紧张关系的根源。

根据定义，创新寻求的是社会重构，而这与维持连续性的需要相冲突。本书探讨了这两种机构职能产生的紧张关系。变革型创新产生的不确定性常导致公共争议。社会并不是反对变革，而是关注创新可能造成的损失。新技术呈现出的是未来的不确定性，以及造成个人和社会群体利益重新分配的可能性。

科学技术在社会中的作用是被广泛讨论又令人困惑的话题。正如 W. 布瑞恩·亚瑟（W. Brian Arthur）在《技术的本质》（*The Nature of Technology*）中定义的，我们至少可以从三个层面观察技术。

首先，技术是人类利用自然现象满足人类需要的一种方式。这些现象包括植物中的兴奋剂、重力、磁性等。例如，通过综合应用推力、升力和重力等现象实现飞行，在线圈中旋转磁体产生电的发现导致了新产业的诞生。在这些现象被观察到以前，这些技术是难以想象的。

其次，技术可以被理解为形成功能系统的构件集合。例如，飞机就是一个系统和相关子系统的构件的集合，每个子系统又利用集合在一起的某些自然现象来实现某一功能。

最后，技术是"某一文化的可用设备和工程实践的整体集合"。航空业可以满足人们对旅行的需要，但它也是多样的物理组件和制度安排的集合。我们通常认为人类的需求激发了对新技术和新解决方案的探索，相反，新技术导致了新需求的出现。供需关系的简单规则无法灵活运用于动态的社会系统。在这些系统中，新技术对经济特征的改变和经济创造出的新技术体系一样多。

航空业的出现经历了漫长的过程。人们利用自然现象创造工业品，再将其用于建立航空业的系统及子系统。在此期间，新的标准、规则和社会规范与航空旅行相关的组织共同进化，各种各样的监管机构和组织与地方的、国家的和国际的社会组织多层次、多行业的共同演进。飞机的出现与航空业的协同演化改变了世界经济。它部分取代了其他先前存在的运输方式，如铁路及其相关行业。创新本质上是通过引入新形式的经济组织以改变经济。因此，经济是基础技术的晴雨表。

从这种方式来看，技术可以独立于经济而存在于实验室或博物馆，而无论它们是否为了响应社会需求而开发。但经济结构却不能独立于为满足人类需求而创造出来的技术组件。新技术带来新形式的社会经济组织，技术上的变革需要社会制度的互补性变革。技术、经济和相关制度作为一体化系统共同进化。

理解这种共同进化的动态是掌握社会经济惯性和对新技术持怀疑论的关键。例如，传统的农业经济是技术系统和社会组织的集合，其大部分是可持续的，只产生相对缓慢的变化。用拖拉机替换基本农具，并不只是一种简单的技术替代行为，而是整个社会经济系统的彻底重组。拖拉机的采用与新的行业和社会制度齐头并进。

## 驯养"怪兽"？

### 直觉因素

新技术的采用在很大程度上是一个社会学习的过程，公众教育在决定其速度和模式方面起着重要作用。如果不关注人类心理学的直觉方面，我们就无法完全理解公众对新技术收益和风险的认知。新技术的倡导者往往侧重于科学和技术问题，然而越来越多证据表明，"对世界的直觉预期使得人类很容易对新技术产生误解"。在缺乏相关参考或可信赖的权威的情况下，个人倾向于依靠直觉。这虽然看似不理性，但却是进化上的更深层次的自主行为模式的反映，它植根于人类的厌恶和恐惧。

这种对新技术的直觉反应往往被社会规范所驱使。它由人们出于保护自我避免接触病原体的潜在来源进化而来。这很容易殃及新技术，例如新的食品可能被视为人类健康的潜在威胁。这也会扩展到道德层面以保护社会总体规范。社会自觉不自觉地根据技术的本质属性怀疑新技术，这被认为是有益的。在其他一些情况下，新技术可能会引起负面反应，因为它似乎挑战了人类对自然世界的认知观，或含有部分的意向性。反对"扮演上帝"的观点就属于后者。

人们对文明有一种担忧，即新技术是不纯净的或危险的，因为它们无法与公认的社会或生态模式相融合。产生这种担忧的部分原因是人们缺乏如何控制新技术的知识。这些技术因而被认为是怪物。纯净和危险的概念已经深入风险管理的许多方面，食品部门尤其如此。"纯净食品"运动在食品业有着悠久历史，人们对于农业中使用化学品的反对意见即源于对纯净的呼吁。社会似乎还无法完全控制好新技术，所以在很大程度上，新技术的引入也被认为是对怪物进行驯化的过程。

这些根深蒂固的心理和文化因素形成了对新技术的初步反应。这些是社会经济因素依据的基础。虽然我们能先行计算风险，并说明这些风险都可忽略不计。但是，可接受的科学风险和采用新产品之间的真正差异是无法通过简单地提供额外的信息或逻辑推理解决的。

同样，以"不合理"为由拒绝接受新产品是不成立的。试图反驳杜撰的事情或者对依靠不合理的心理、文化反应的群体使用科学证据，只会巩固他们先前的信念，这已经得到了证明。

此外，可能表现为不合理或被归类为伪科学的观念都倾向于利用认知直觉，而基于证据的观念则没有这样的倾向。事实上，

伪科学"可以通过利用进化上的认知机制被广泛地接受，从而为了直觉的吸引力而放弃知识的完整性。相反，科学则无视这些根深蒂固的直觉，因为世界并不在乎我们的直觉，跟踪事物的客观模式才是科学的安排"。

## 既得利益

英国历史上的卢德派暴动事件就是抵制创新的真实写照。机器的发明及广泛运用使人们感到失业的威胁，而事实上，这种担忧早在卢德派分子（Luddites）出现之前就存在了。人们普遍只把卢德派暴动者描述为反对变革的机器捣毁者。但情况并不是反对新技术那么简单，它代表的是竞争经济世界观和道德价值观之间的冲突。

在许多情况下，新技术改变或加强现有世界观、价值观或理论的程度决定了人们对它的反应。对于更广泛的社会部门，这都是成立的。比如在军队中，技术、特定的军规和组织结构一起演化。改变现有技术的尝试很可能会激发反对意见，而非考虑到它们明显的利益。

卢德派暴动的故事捕捉到了技术转变的系统性。在工业革命期间，英国引入了节省劳动力的纺织机器，这招致了织工的强烈反对。有了新机器，雇主就可以用更便宜的低技能劳动力替代高技能织工。由于担心失去生计，英国织工于 1811 年在诺丁汉开始销毁纺织机器和雇主的其他财产。这种"暴动式集体谈判"的目的就是迫使纺织业结束机械化以挽救他们的工作。

在当时的英国，公众普遍反对应用新机器和用低技能劳动力取代高技能工人的做法，卢德派因此才延缓了机械化进程。社会各阶层都反对纺织机器，包括店主和其他商人，他们担心以机械替代人的工厂将不局限于纺织业，而会蔓延到他们的行业。在工业革命之前，英国经济主要由散布在全国各地的小型、独立的家庭作坊组成。

尽管公众反对，英国政府还是通过逐步增加对企业家的支持，让新的纺织技术实现了市场渗透。特设法律和法院裁决越来越倾向于企业家和雇主，而不是工人。因此，到了19世纪60年代后期，新纺织机器和纺织工厂已变得司空见惯。虽然暴乱并未产生大规模效应，但它减缓了纺织业的机械化进程，增进了工人团结，为英国工会的建立奠定了基础。这个案例表明，人们对新技术的抵触情绪源于对系统性的影响和复杂经济体系中的不确定性的恐惧。

发生在工业革命期间的这种争议，仍然在今天的一些话题，如核电、信息技术、生物技术以及人工智能等领域持续着。抵制新技术是徒劳的，这一普遍观点是对历史的误读。因为只有一小部分新技术进入到市场，还有许多其他因素影响着技术应用过程。

熊彼特率先将复杂系统思想应用于经济发展。他对变革的时效性充满兴趣，这也是他采用承认历史重要性的进化观的原因。他致力于复杂性思想研究，并将变革置于进化的背景中。相反，

尽管总是在实践中违背，熊彼特的批评者们依然使用着静态平衡观念的经济模型。熊彼特说："不能仅通过当前经济条件解释经济变化。因为一个民族的经济状况不仅受当前经济状况的影响，而且受以前总体情况的影响。"

在熊彼特的构想中，同样显而易见的是，经济演进是非线性或不连续的过程。熊彼特看到了"在系统内产生的变化破坏了平衡点，导致新的平衡点无法通过无限小的步骤从旧的平衡点达到。连续添加再多的邮政马车，也永远得不到一条铁路"。通过新的组合以及对它们的选择和保留，这一观点在其多样的概念中明确无疑。

在理论和实践两方面，系统方法都更容易解决发展对生态造成的影响的问题。到目前为止，环境问题主要依靠传统的环境保护运动解决。他们假设，排除人类活动可以更好地保护环境。然而除非更多地利用创新，否则促进可持续发展的努力难以取得效果。

经济体是自组织系统，它寻求排除变革以保护自己。防止系统陷入混乱状态是有必要的，达尔文的"优胜劣汰"式选择也并不要求尝试每个变异。然而，限制选择不总是最理想的，因为有利的变异可能会被忽视。诸如经济系统和所有文化系统之类的技术性系统都具有某种内在稳定性，但每个自组织系统也有"能够克服或欺骗惯性的机制"。这种惯性同样适用于基本知识结构。

人们抵制基本概念有着悠久的历史，比如，对数字"0"的抵制就是很好的例证。在一些文化中，数字"0"被认为是"令人憎恶的，所以，人们宁愿选择不使用它"。对于大多数文化，"0"的概念与根深蒂固的不空虚（充实）的观点相冲突。正如英国数学家兼哲学家阿尔弗雷德·诺斯·怀特海（Alfred North Whitehead）所说："对于'0'，我们不需要在日常生活中使用它。没有人出去是为了买'0'条鱼回来"。在许多传统文化中，"0"的概念也意味着极端的排斥或贫困。它与传统意义上的共同体和归属感不相适应。

因此，根本性的问题是一种克服惯性的力量。在这方面，自由市场经济通常比计划经济表现得更好，因为"中央集权的官僚机构……滋生服从"。真正的挑战在于保持创新产生的长期利益和维持现状的短期利益之间的平衡。两者都有风险，其最终结果不能从评估同一时期的技术选择轻易得出。

根据定义，创新是一个结果不确定的渐进过程。因为两者的结果都具有不确定性，所以，两者都可以选。这在一定程度上解释了为什么技术争议的问题可能需要几代人才能解决。争议点主要在于技术的最终结果，争议过程则是尝试预测风险和利益最终如何分配的过程。当前，关于机器人对就业的潜在影响的争议就说明了这种不确定性的观念，也反映了人们对技术既焦虑又充满期待的复杂心理。

对新技术的担忧大多来自劳动者，技术的变革也可能会伤害那些已具有一定地位和威望的人，以及那些担心"不得不待在原地"的雇主。虽然经济因素是使人们对创新产生最为负面反应的基础，

但反对意见一般通过非市场机制（包括像管制俘获[1]和安全法规这样的法律机制，以及纵火、个人暴力和骚乱等法外手段）和一些反竞争市场行为（如否认创新者和企业家的信用）表达出来。

通常情况下，影响创新成功的因素主要有三个方面。首先是动机的强度：即过去的东西越有价值，对创新的挑战越强；或者说创新对社会的益处越大，其被推进的机会就越大。

第二个因素涉及赢家和输家的分布问题。虽然生产者较为集中、消费者较为分散的分布可能为生产者带来更多好处，但这也使生产者暴露于消费者群体采取的集体行动之下。一个当代的例子是种子行业。它由几个大公司主导，服务于不同的农民市场。这几个大公司对农业生物技术的挑战得到了其他群体的支持，而不是直接来自农民本身。

最后，权威的作用是技术争议的一个重要因素。无论权威支持的是现状还是新技术，他们都具有重大影响。例如，法国从旧制度的保护主义（1730年）转向了一种亲技术的方法论（1830年）。在法国，大型贸易组织（Compagnonnages）控制生产手段并挑战创新，使用法外手段成功地阻止了行业创新，如造纸业以及枪和餐具的制造。结果是，他们把创新者驱逐到英国或美国去了。

另一个例子是19世纪80年代后期，"实用电工"（practical

---

① 管制俘获理论（Regulatory Capture Theory），又译作规制俘虏，描述了一种政治腐败或政府行政失败的现象。它指政府制定出的某种公共政策损害公众利益，使少数人的利益团体受益。通常政府作出这一类决策是由于受到某一行业从业者的重大影响，而短时期作出违背公众利益的行政决定。它将导致社会中某些公司以"遵守政府规章制度"为名，持续开展损害公众利益的经营行为。

electricians）试图抵制詹姆斯·麦克斯韦（James Maxwell）的电动力学方程。争论过程中,学术权威从前者倒向了后者。因为"实用电工"们认为,电流通过电线就像水流过管道一样,而理论数学家的实验表明,电流在整个导线周围的场中流动。通过新的电气应用表达出的理论的力量,即使禁止麦克斯韦等人的出版物也不能削弱诸如海因里希·赫兹（Heinrich Hertz）等杰出人物的实验,最后,学术权威还是转向了接受过学术训练的电气工程师。

权威冲突的另一个例子是长达 15 年的产科麻醉之争。尽管当时的分娩做法很可怕,但该技术的反对者依然提出了各种各样的论据。反对的主要理由集中在生理疼痛的作用上。一些著名外科医生声称,疼痛作为一种生存机制以及诊断信号,可以帮助外科医生确定手术的进展情况。其他反对的理由则是非医学的,围绕道德展开:"与醉酒很类似,在麻醉下女性可以释放性压抑,以及沙文主义思想引导下的男性想要控制妻子行为的观点,构成了'道德'法则的基础。"最后,还是麻醉的科学魅力占据了上风。


## 智识挑战

在技术变革方面,至少有四种智识挑战的来源:风险规避、负面外部效应、技术与政治和社会用途之间的相关性,以及为了人类利益而操纵自然的哲学异议。

第一是风险规避。一些技术,如石棉,已被证明是有害的,

其事后成本高于收益。因此，一些思想运动将安全问题作为推翻新技术的理由，强调未知风险的可能性和不确定性。这种担忧背后的总体假设是新技术的大部分意外后果很可能是消极的。

负面外部效应构成了第二种类型的智识挑战：假设新技术会消耗太多自然资源，并对以前被视为免费的货物赋予财产权。在这一点上，最典型的一个例子就是碳排放交易，这是《联合国气候变化框架公约》中《京都议定书》的规定。但它被某些人比作是一种圈地形式，是根据气候变化创造出来的新市场。它被认为是给全球经济造成严重损失的来源。另一方面，技术创新能帮助解决这种负面外部效应。其中一个例子是通过国际技术和工程合作建立减少消耗臭氧物质的国际制度。

第三，技术与政治和社会用途之间存在相关性：武器的破坏力越大，夺走的生命就越多；装配线的发展使工作变得枯燥乏味；而技术和工程往往与外国势力有关。技术应用的不确定性使人感到焦虑和希望并存，这又被技术和工程无限放大。今天，人们仍对无人机的军事使用进行着激烈争论，但同样的技术也越来越多地被应用于人道主义和民用用途。

第四，中世纪和文艺复兴时期，人类对自然资源开发的增加，逐渐演变成对子孙后代的担忧。英国维多利亚时代的知识运动将技术视为"非人性化"，它导致中世纪欧洲田园和农民的生活物化①。其中一些观点今天依然存在。

有些观点在环境保护运动中找到了避难所，主张通过排除人类活动以更好地保护自然。这种观点的支持者们认为，快速的技术创新是生态恶化的主要根源，应努力减缓。尽管表面看上去可信，这种观点却混淆了技术进步与具体技术的影响。在环境管理上僵硬地秉持这种观点，将阻碍重要的工程技术的运用。例如，化学使世界工业造成了生态上的破坏，但许多相同的科学原理现在也被用于"绿色化学"②。

## 社会心理因素

对创新的心理挑战不是一个理性的过程。与古典经济学长期以来的假设相反，人们不是合理评估每种新技术的风险和利益，再根据分析作出决策的，而是面对不确定性的情况，依赖心理捷径或既定惯例作出。事后，这些决策往往又被认为不合理。是否采用与风险和不确定性相关的新技术的决策通常就会受到这些偏见的制约。

对决策和行为经济学的心理学研究确定了驱动挑战创新的三个主要心理因素：人们不愿打破现有习惯或惯例、与创新相关的风险感知以及公众对有关技术的态度。

人类是习惯的生物。人类大多数日常决策都基于持续的且没有被意识到的习惯。通过重复更积极的行为，吸烟、暴饮暴食等

① 物化（Reification），指把有生命的东西实物化、商品化。
② 绿色化学（Green Chemistry），由美国化学学会（ACS）提出，目前在世界范围内得到广泛响应。其核心是利用化学原理从源头上减少和消除工业生产对环境的污染，使反应物的原子全部转化为期望的最终产物。

坏习惯可以逐渐被新习惯替代。此外，大多数习惯都基于社会规范。当我们对社会规范的感知发生改变时，基于这些感知的习惯也随之改变。例如，在 1984 年，86％的美国人经常不系安全带；到 2010 年，85％的美国人已习惯了系安全带。这种逆转的发生就是因为一些州实施了更严格的立法和开展的安全运动，使得交通人身安全的社会规范发生了变化。

新技术会遇到多大的挑战，取决于它们改变我们现有习惯的数量及强度。持续性的行为改变必须借助于现有习惯，而不是试图取代它们。在改进而非破坏的情况下，人们将更有可能接受新观念，像电子计算器加速数学计算一样。因此，公共政策应该以最不根深蒂固的习惯来鼓励行为的改变。例如，发展中国家通过提供新的高蛋白饮料而非高蛋白食物鼓励蛋白质消费。

第二个主要心理因素是与新技术相关的风险感知。这种情况下，三种常见而又非常重要的风险是：对新技术产生的自然、社会或经济后果的厌恶，新技术性能的不确定性以及人们感知的副作用。具有最高感知风险而又想改变最根深蒂固的习惯的创新，通常面临最大的挑战。旨在改变人们对健康和营养选择的社会项目就属于这一类。另一方面，最彻底的技术创新，往往因与其相关的高风险而被挑战。它们鼓励我们形成新习惯，而非改变现有习惯。

人们有强烈的规避风险的倾向。根据展望理论[1]，潜在损失

---

① 展望理论（Prospect Theory），也译作前景理论。1979 年，美国普林斯顿大学的心理学教授丹尼尔·卡尼曼和特沃斯基提出的展望理论是决策论的期望理论之一，认为个人基于参照点位置的不同，会有不同的风险态度。利用展望理论可以对风险与报酬的关系进行实证研究。

总是大于潜在收益。一般来说，当结果以将获得的收益而不是将失去的收益表示时，人们更愿意寻求风险。也就是说，对损失的恐惧导致人们作出风险厌恶的选择，而当面临潜在收益时，人们倾向于作出风险偏好的选择。这是因为人们不仅根据每个结果的绝对值，而且更基于与当前情况（即参照点）相比，针对潜在收益或损失的感知作出决策。这些决策不仅基于每个结果的预期价值计算，而且也基于不同表达下它所触发的损失和收益。

行为经济学的基础之一，即期望效用的经典经济模型与这些对人们失败决定的洞察是一致的。与潜在利益相比，新技术的风险和潜在损失经常被放大，从而导致对创新的挑战。

与潜在收益相比，对潜在损失给予更多权重的趋势导致了两个常见的行为偏见。这也是新技术的应用频繁失败的原因。其一是"现状偏见"（Status Quo Bias），其二是"遗漏偏见"（Omission Bias）。

在取舍之间选择时，前者描述了坚持现状所产生的不平衡的趋势。例如，当被问及是否参与器官捐献计划时，在相关保险表格上把"是"作为默认选项，比把"否"作为默认选项更能提高参与率，并促使人们采取行动，选择是否加入该计划。新技术不只改变社会习惯，也改变了导致负面反应的现状，因为它威胁到了人们长久养成的、令人感到舒适的习惯。

损失厌恶也会导致人们低估不采取任何行动和坚持现状的风险。支持不采取行动的倾向就被称为遗漏偏见。即使人们清楚了采取行动和不采取行动的结果，这种偏见依然会存在。例如，当

人们认为接种疫苗可能导致伤害，不接种疫苗造成的伤害更大时，即使提供疫苗接种能显著降低疾病对整体人群以及对个体儿童的可能危害，但儿童疫苗接种的结果还是会很糟糕。人们反映，如果是他们作出决定，即使是伤害概率很小的疫苗接种，万一发生副作用，那也让他们感觉像是自己造成了死亡。

采取行动后所产生的伤害，似乎比不采取任何行动而产生的伤害有更大的遗憾和责任感。但人们并不总是受到这种偏见的影响。事实上，责任在肩时，人们往往是由于太匆忙，而不是不情愿导致不采取行动。然而特别是在围绕创新的政治过程中，如疫苗接种或转基因生物，一些看重不行动的人阻碍着创新的推进以及其应用所必需的社会合作。

似乎在风险相对未知和较小（如转基因生物），而不是在风险已知和较大的情况下（如氡），人们会更加努力地去减少风险。换句话说，人们理性地评估风险，却倾向于感情用事。这是引发怀疑创新的第三个关键因素：态度。这其中有理性成分，也有感性成分。

态度的理性成分包括我们对技术特定方面的评价，而感性成分反映了我们对技术整体的喜爱程度。对技术的理性态度预示了短期内人们采用技术的程度，感性态度则不然。态度比习惯更容易改变，因为它们具有社会传染性。因此，鼓励对新技术采取积极理性的方法沟通，如通过强调技术的特定方面的好处，可以增加人们接受技术的可能性。

因此，我们也可以通过三个心理因素减少对创新的挑战。首先，如果新技术是通过现有或全新的习惯完成，而不企图破坏现有习惯，则更容易被采纳。其次，就得失而言，创建新技术的潜在结果对损失厌恶产生的风险偏好或风险厌恶行为有重大影响。最后，当社会交流鼓励人们对技术采取积极态度时，如强调技术具体方面的收益，人们就更有可能采用新技术。

在定义对新技术的挑战时，一个同样重要的心理因素是政治移情作用（Political Empathy）。社会运动的框架是作为"动员观众的现实战略版本，其包含原因和解决方案的意义"，政治移情作用则不仅使社会运动将重点放在受害者身上，而且创造了条件，鼓动了来自其他领域、持有共同观点的支持者。近年来，政治移情作用使各地的新技术的反对者和支持者，能够通过社交媒体和其他信息或通信工具发起全球性运动。

## 创新、不确定性与损失

技术往往与影响经济的竞争性要求有关。在许多情况下，新技术被其发起人过分推崇，这反而使批评者更加对其持怀疑态度。竞争性要求的基础通常是不确定的状态，预测技术的最终发展走向及其社会经济影响就变得十分困难。另外，新技术的长期影响之所以无法预见，常常是因为它被定义的狭隘性限制，且没有充分考虑未来改进措施、互补技术的创新、对新技术系统出现的影

响及新应用的开发等诸多因素。这些因素交织在一起，使得人们很难预测新技术的发展速度、方向及其影响。

处理与新技术相关的不确定性的方法之一就是进行经济影响方面的研究，而研究方法通常是比较新技术与现有技术带来的经济影响。然而这样的研究经常忽视改进的范围，而新技术的改进前景可能很大，因为它们在开发时通常处于初级阶段。因此，这种比较可能低估新技术的长期影响。事实上，新技术对现有技术的保证，主要在于改进的长期前景，而不是初始技术和经济优势。

不确定性最关键的方面之一，可能是未能看到新技术广泛传播或普遍应用的潜力。在美国，被成功采用的是燃气动力卡车而非电动卡车，这正与其普遍的适用性息息相关。扶持性因素如军事采购则有所不同，但由于该技术适用于城市卡车运输以外的广泛领域，如此措施也在情理之中。对普适性的认识不仅使扶持性机构出现，也影响了对具体技术方向的初步选择。

在英国，电力替代燃气时，关于普遍适用性的认识发挥了重要作用。但燃气行业并非没有适应性反应。20 世纪 30 年代，尽管有电力可用，但英国大多数家庭仍然使用燃气。随着时间推移，广泛的社会经济机构出现了，它们支持燃气供应一体化融入社会。安装输电干线成为少数富人可行的选择，燃气市场从而得到保护。然而燃气公司还是担心电器的出现会改变燃气市场。虽然无法预测和控制电器的出现及扩散，但当电器出现时，燃气行业又寻求用竞争产品加以应对。

燃气公司首先开发出了针对无线电收音机的气动电池。当时的收音机使用的是笨重的铅酸蓄电池，电用完后，电池就不得不被送回店里再充电。

阿代克斯（Attaix，位于英国南安普敦）公司出售的基于热电效应[1]的发电装置，就以电路两端的温度差产生供电电流。虽然它输出的电流不大，但足以为当时的无线电供电。

到 1939 年，人们已可以购买到一体化的气动收音机了。米尔恩斯电气工程公司的亨利·米尔恩斯（Henry Milnes）制造了在扬声器和收音机的机匣内装上热电发电机的收音机。气动收音机比电动收音机便宜，这让燃气行业推销其产品时更容易。此外，它们还提高了气动收音机的升温能力。

随后，人们又开发了洗衣机、洗碗机、留声机和真空吸尘器等其他使用燃气的器具。其主要目的是防止电的扩散，而非卖更多的气体。然而电器还在不断增加，在房屋中拥有电力也变得越来越重要。这就需要增加电的生产并建立有助于降低发电成本的电网。最终，电力成为最实用的能源，而气动器具从未被普及。

识别新兴技术的胜算概率并利用其获益是企业家职能、企业发展和公共政策的重要方面。最初，新技术可能表现出不可靠且

---

[1] 热电效应（Thermoelectric Effect），指受热物体中的电子随着温度梯度由高温区往低温区移动时，产生电流或电荷堆积的一种现象。

易失败的特征，同时又会使公众产生不利的看法。例如，早期的拖拉机没有马可靠，就像早期的火枪劣于弓箭。但这两种情况下，技术改进的长期潜力使看似低劣，却容易掌握并有快速回报前景的新兴技术得到应用。这是技术演替和创造性破坏的本质特征。

因此，新兴技术和现有技术的经济比较并不是很有用，因为它通常解释不了新技术的改进潜力。换句话说，投资于改进新兴技术的边际效应高于现有技术。工程师升级拖拉机的速度比饲养者提高马的速度要快。因此，重要的是采用考虑了新兴技术潜力的业务战略和政策。

经常出现的技术竞争可能导致技术趋同，从而给现有技术带来新的市场。例如，电视被视为无线电广播的替代品。另一方面，互联网的兴起导致诸如播客这样的活动的出现，让广播迁移到了网络。这种趋同带来了新的商业机会以及新的机构设置。

技术风险正在成为全世界公共话语的一部分。人们认为，新技术创造了新的行业机会，但也破坏了现有的平衡。投资者只关注新技术的收益，而其他人则担心它的风险。现代人不仅担忧对人类健康有风险的新技术（如转基因食品和移动电话），更加担忧有社会影响的技术。而过去，技术风险被限制在那些出现新技术的国家，甚至是只在那些技术被应用的具体部门。

20 世纪 70 年代，对于在工业中使用微处理机，人们的担忧就被限制于制造部门中劳动力被替代而可能产生的影响。当时，世界各地的工人和劳工组织抗议使用这种新兴技术。而今天，我们关于劳动力的"去技术化"和人力资本流失的讨论是与当时遥相呼应的。"当我们考虑人力资本时，冲突就变得更广泛。技能和经验是在一生中不断获得的，但学习新技能的能力呈现下降趋势。对于过了学生或学徒阶段的工人，创新使他们的技能过时，从而不可避免地减少了他们的预期寿命周期的总收益，他们因而质疑新技术。"公众至今仍然担心，在学校使用计算机作为教育工具会取代教师，尽管这种技术出于教学目的已被广泛采用。

微电子影响就业的问题在世界许多地方都有所反映，但它并没有成为涉及广泛社会群体的大众运动。这至少有两方面原因。首先，伴随失业风险讨论的是工业生产力大幅提升所带来的收益。这种转变也与劳动力的变化有关。其次，过去的全球经济并不像今天这样一体化，许多这样的讨论都局限于国家、行业或地区。然而，全球化改变了这一状况并创造出具有国际形式的对创新有组织的挑战。全球化赋予技术风险更广泛的意义，并将某些地方性争论变为大众运动。

新技术的挑战不只限于消费者或工人。有许多例子表明，企业会因为自己开发的新技术威胁到现有产品线而封存新技术。例如，在 20 世纪 30 年代初，贝尔实验室开发了一种高度先进的磁性音频录制系统，但贝尔实验室的高级管理人员因为惧怕它的使用会使客户不愿意使用电话系统而抑制其商业化十多年。这就削弱了贝尔实验室"普遍服务"的理念。

他们表达了两方面的担忧。首先，"如果谈话内容与信件或

合同一样重要，在关键谈判上，客户就会回到邮件中。在那里，口误并不致命。"其次，"如果会话可以被录音，那么非法或不道德的事（据某些行政机构估计，这类电话占所有电话的三分之一）将不再会通过电话讨论。这种感觉到隐私权丧失的最终结果将是人们打电话的次数大幅度减少以及个人对电话系统信任的降低。这意味着美国电话电报公司（AT&T）收入和声望的损失。"

电话公司显然不愿让磁性音频录制系统的些微好处削弱其在消费者中的声誉和信任。值得注意的是，这个决定是在1928年奥姆斯特德诉美国案（Olmstead v. United States）期间作出的。当时，美国最高法院裁定窃听合法，公众因而对隐私权极为关注。这一裁决而后在1967年的凯兹诉美国案（Katz v. United States）中被推翻。这说明了不确定性及相关焦虑会导致人们作出延迟或抑制新技术的决定。尤其是当人们意识到，不确定性可能导致他们失去收入、身份、社区意识[1]、世界观和隐私权时。

## 以史为鉴，预防下一场技术冲突

基于熊彼特的"创造性破坏"这一精华概念，本章试图阐述这样一种观点：技术革新既有成功，也有挑战。应对当今全球重

---

① 社区意识，指社区全体成员对所在社区的认同感、归属感、责任感和参与感，从而自觉自愿地为社区事务尽心尽力。

大挑战所需的技术革新种类，应当建立在科技知识指数级增长所产生的快速动力之上。技术革新的速度和范围，很可能触发旨在维持现状的社会反应。技术上的动态变化和政治上的一样多，理解和寻求解决这种紧张关系也需明确运用政治思想，一如围绕向低碳能源转型的"戏剧"所展示的那样。

创新与现有技术间的紧张关系通常与技术演替的公众争论有关。这些动态变化是文化变革本身的本质特征，而非技术变革所独有。人们广泛记录这些变化，并在其他领域，如科学范式①的传承中进行讨论。

本书其余章节将回顾历史，从过往教训中找出启示方法以解决未来技术争议。其目的不是提供行动的模板，而是激发人们的好奇心，使当代和后代的人在寻求解决自身问题时能有历史参照点。历史不会重演，但我们可以在周围听到它的回声。以下章节就是为了放大回声，由读者决定哪些叙述可以作为灵感来源，并以自身创造性应对面临的挑战。以下案例研究将展示出新技术如何与更广泛的环境相协调，又如何为自己的利基生存和扩张创造条件。创新和现有技术之间的紧张关系，正是这种动态变化相互作用的回声。

---

① 科学范式，指一组关于某些物质对象或过程普遍可以接受的信念，包括关于悬而未决的问题的见解，需要做进一步的研究，以及提供典型实验和方法的实例，以便促成进一步的发展。

# CHAPTER 2
## 第 2 章

涂抹刀上的战争：人造黄油和天然黄油

诺贝尔经济学获奖教授因作品被封杀，怒而辞职。美国整日鼓吹创新，却在人造黄油这项创新上裹足不前。播放虚假广告误导消费者、成立全国乳业协会围剿人造黄油、游说国会、推动立法……在令人窒息的市场围剿行动中，人造黄油生产商如何推动销量超越真正黄油？

在这场长达近一个世纪的市场竞争中，行业行会到底扮演了谁的朋友？又扮演了谁的敌人？

若所有可能的异议都得一开始就被克服，那我们终将一事无成。

——塞缪尔·约翰逊（Samuel Johnson）

1979 年，来自芝加哥大学的西奥多·威廉·舒尔茨（Theodore William Schultz），凭借"发展中国家在经济发展中应特别考虑的问题的开拓性研究"，获得诺贝尔经济学奖。舒尔茨的学术生涯起步于爱荷华州立大学。

1943 年，舒尔茨领导的经济系出版了一本名为《战时基础之上的乳制品制造业》（*Putting Dairying on a Wartime Footing*）的小册子。这本小册子声称："人造黄油像真正的黄油一样美味可口，营养丰富，鉴于其生产过程中比真正黄油需要更少的劳动力，因而是战争期间一个更加明智的选择。"然而这一主张却令奶制品游说团成员感到不快。通过爱荷华州农业局，他们与爱荷华州立大学的校长取得联系并施加压力，最终令校长封杀了这本小册子。舒尔茨怒而辞职，系里的几名同事选择追随他一同离开。

以上事例只是人造黄油引发的全球性争议的冰山一角，它还包括贸易保护主义立法、授权建立强大的游说团体。这些团体在今天仍有相当大的政治影响力和社会影响力。

本章以人造黄油为例，探讨人们如何通过立法程序抵抗新技术。本章回顾了作为政治中心的美国国会如何运用其政治影响限制人造黄油的传播及打压其市场。

本章还剖析了企业如何使用虚假广告等手段改变公众对人造黄油的看法。人造黄油是大量诋毁和诽谤的主题，很多争论也都集中在它对健康的影响上。本章随后将审视头脑灵活的人造黄油生产者们如何百折不挠地通过发展技术和宣传人造黄油的益处以抵消负面竞争，最终使其销量于 20 世纪中叶超过真正黄油的历程。

## 黄油初试牛刀

熊彼特认为，阻碍新生事物发展的原因之一在于“当前的社会环境排斥那些希望创新的人，这种现象可能首先表现为法律和政治阻碍的存在”。为应对人造黄油的出现而兴起的美国乳制品协会，便是这种社会现象制度化表现的经典案例之一。

兴盛至今的乳制品协会一开始并没有如此强大的力量，黄油也并不是一开始就被如此广泛地使用。过去的乳制品产业是分散的小农经营。时过境迁，人造黄油的诞生给予了乳制品协会巨大

的额外能量，使其最终发展成为一个协调有序、拥有政治和社会舆论影响力的团体。

19世纪下半叶，乳制品行业是一个由约500万个体户组成的完全分散的实体。奶牛具有生态耐久性，能适应各种气候和饲料而茁壮成长，这使相当宽阔的地理区域内的农民得以饲养这种动物。乳制品产区带从新英格兰①一直向西延伸穿过纽约州、俄亥俄州、伊利诺伊州、爱荷华州、密歇根州、威斯康星州和明尼苏达州。

那时的乳制品通常来自同一些能够收获牛奶的小规模经营的农场。许多生产者都不是专门的奶农，他们畜养奶牛更多是为了满足家庭的需要。因此，只有在丰产期，多余的牛奶才会进入市场。将牛奶投放到市场的技术障碍也使其生产规模保持在小范围内。在制冷措施或巴氏杀菌法出现之前，未能尽快喝掉的牛奶会迅速变酸或腐坏。此外，运输网络（大多由铁路构成）并不能支持乳制品的长距离运输。由于以上原因，乳制品的产区必须离消费者很近，并以小批量的形式生产。

在美国，黄油生产商主要是奶农。这种家庭作坊运营的方式运作良好，一直持续到20世纪。这些小规模的家庭生产主要供给当地市场以及拥有再包装远销条件的经销商。像其他许多食品一样，黄油也有与偏见作斗争的曲折历史，这可以追溯到19世纪40年代初。关于奶制品的负面新闻，如奶油掺假，牛奶兑水

①新英格兰包括美国的六个州，由北至南分别为：缅因州、新罕布什尔州、佛蒙特州、马萨诸塞州、罗得岛州、康涅狄格州。

以及为改善腐坏奶油味道和外观而加入有问题的着色剂与化学添加剂——使用水杨酸作为防腐剂以防止固体黄油腐坏，添加硼酸以掩盖酸臭味或减缓其腐坏过程。尽管这些化学品因对人体健康有害而被当局谴责，却仍大量被黄油经销商用于"改善酸腐的、味道冲而廉价的低档黄油"。

奶农有数百万之多，有关部门却没有实行统一管理，并建立现在这般有政治影响力的乳业联盟。直到 19 世纪末期，个体经销商们才意识到他们的产品能带来财富，且需要在竞争中保护好自己的饭碗。但当时有种种阻碍存在。

首先，没有哪一个生产者有动力去承担组织一个全国性的奶业联盟的重要任务。其次，19 世纪末期的美国为这样的行业游说组织的建立提供很少的优先权，这使建立组织所需的初始预备资金显得尤为重要。最后，联邦和州政府在 19 世纪末期并未插手农业部门的工作。政府没有有效地管理这个行业，也没有提供社会保障保护奶牛场的利润率。因此，农民没有任何行业标杆去效仿，也很少与政府抗争。

随着黄油和奶酪生产的工业化，建立乳制品协会所需的激励环境也应时而生。南北战争后不久，离心式奶油分离器的引入大大提高了黄油大规模工业化生产的效率。与农场生产的黄油和奶酪相比，工厂制造的质量更佳。质量的改善进一步推动了价格，扩大了消费需求。

到了世纪之交，工厂制造的黄油已占黄油总产量的 28％以

上。与内战结束时微不足道的产业相比，人造黄油产业已有翻天覆地的变化。奶酪工业的增长速度则更加惊人。到 1899 年，超过 94% 的美国奶酪都是工厂生产的。

虽然新的黄油和乳酪的生产形式已经是资本密集型，并急需特定的团体进行商业运营和组织，但到此刻为止，全国性组织仍然没有形成。然而在当时的工业体系下，在各方势力建立的正式和非正式组织中可以找到全国性组织的前身。工厂主和生产者协会、贸易和生产交换委员会、生产商和经销商联盟都是在全国乳制品协会形成之前，为了促进乳制品市场的扩张而自发形成的组织。

工厂主是创建整个行业协会的推动者。与个体农民更多地为了生计而多样化投资不同，工厂主最关心的是怎样最大限度地提高乳制品的赢利能力。工厂主们对市场的风吹草动了如指掌，因而希望避免来自非乳制品的竞争，如人造黄油。

工厂主不仅是生产者，而且还是在国家和国际层面运筹帷幄、在批发市场中博弈的商业领袖。这就需要掌握行业相关的所有方面的专业知识，以及所有可能影响利润的情况。工厂主的人数相对较少，建立自己的组织也更轻松自如。这些工厂主与数百万独立的个体农民不同，他们能够与全国各地的行业领袖保持联系。基于以上这些原因，工厂主们得以在整个行业范围内施行战略，并创建足以在全国范围取缔人造黄油的强大的商业游说组织。

在战后的几年内，最早的乳制品协会形成了，成员包括工厂的乳制品加工工人以及相关行业领袖。他们的最初目标并不是击败人造黄油，而是通过在成员中建立和保护产品质量声誉从而扩大市场对乳制品的需求。那时，乳制品生产完全不受监管，市场中充斥着低质产品。

乳制品协会从最初的县市级逐步扩大到州级和国家层面。起初，这些协会是非政治性的。它们专注于指导成员关注国内市场和国际市场环境以及乳制品科学的新进展。此外，它们支持并鼓励施行新的加工和管理方法，协助阻止成员的失信或投机取巧行为。

## 战争催生了人造黄油

正如黄油制造商认识到的那样，乳制品加工业可以带来潜在的商业利益。其他人意识到这一点后不久，另一项技术创新就出现了，市场上因而多了一个更廉价的竞争性产品。人造黄油的生产始于 19 世纪 70 年代早期的荷兰，然后传播到欧洲其他国家以及美国，最终遍布全球。

1875 年，全世界人造黄油的产量为 10 万吨，并在 20 世纪 60 年代中期增长到 480 万吨。人造黄油的人均消费量在美国稳步上升，在 20 世纪 50 年代中期超过黄油的人均消费量，并在 20 世纪 70 年代中期达到峰值。随后，人造黄油人均消费量急剧下降。黄油消费量重新回升并在 2005 年反超人造黄油。这些消费量的波动

背后充斥着公众在食品安全、谣言和立法干预等方面的激烈争论。

人造黄油的诞生是为了满足社会和政治需要。19世纪的欧洲，迅速的工业化和城市化使居民的营养供应问题激烈突出。有影响力的新中产阶级的力量很大程度上来源于劳工和军队，而劳工工作和士兵战斗所需的热量主要来自于肉类和乳制品的膳食脂肪。随着城市人口的增长，新的城市居民发现这些膳食脂肪都太贵了。例如，在法国，黄油价格在1850—1870年翻了一番，价格增长率超过了通货膨胀率。这令法国领导人感到震惊，因为这一现象威胁到了社会稳定。

尽管通常不被承认，但推动人造黄油发展的一个深层次原因是法国领导人对奥托·冯·俾斯麦（Otto von Bismarck）增强军备的担忧。俾斯麦的做法极大地影响了当时普鲁士的工业劳动和军队战斗力。法国劳动者获取膳食脂肪的途径越发恶化，又面临着一场与普鲁士之间的迫在眉睫的战争，法国的工业基础和安全受到了严重威胁。

法国的存亡依赖于找到更便宜的膳食脂肪来源，其中主要是寻找黄油的替代品。正是基于这种认识，拿破仑三世（Louis Napoleon III）在1866年的巴黎世界博览会上公开悬赏寻找一种价格合理的黄油替代品。

1869年，法国食品化学家希波利特·梅热－莫里埃（Hippolyte Mège-Mouriès）赢得悬赏。他使用了十七烷酸，一种由迈克尔·谢弗勒尔（Michael Chevreul）在1813年发现的脂肪酸成分。借用希腊语"珍珠"一词，他将人造黄油命名为麦淇淋（margarine）。这项专利后来分别在 1871 年、1873 年、1874 年被荷兰、美国和英国、普鲁士的利益集团买下。

人造黄油是政府官员利用技术政策催生社会经济所需要的产品的例子。虽然法国人本可以依靠市场政策，如补贴和配给来解决黄油短缺的问题，但他们选择了发起一场技术挑战。

## 混杂了金钱炮弹的反对之声

为解决黄油问题而推广人造黄油的工作，在美国显然比在法国更难开展。法国开发人造黄油是为了缓解黄油价格上涨引起的社会紧张局势。然而在 19 世纪 90 年代中期的美国，人造黄油的再度崛起导致了一系列新的社会紧张局势。尽管在生产和消费上它迅速地被接受，但人造黄油进入美国市场时依然面临许多问题。

1873 年，梅热－莫里埃的技术获得了美国专利，想要在美国扩展起始于法国的人造黄油产业。他将该专利卖给了美国乳制品公司（United States Dairy Company），该公司在 1871—1873 年生产出了所谓的"人工黄油"。发明家们围绕着这项专利展开了广泛的研究，提出了使用未在原始专利中指定的次要成分处理脂肪的新工艺，而得到同样的人造黄油的新方法。这些追加的工艺创新使得该技术广泛传播，人造黄油产业很快就扩展到许多州，被销往全美各地。

尽管人造黄油产品迅速被人们接受，但它却在一个错误时机进入美国市场。此时，美国刚刚经历了 1873 年的经济危机，这是一场史无前例的大萧条，它沉重地打击了美国的农业。农民生活拮据，捉襟见肘，经常不得不亏本兜售黄油。随之而来的另一个问题是价格波动。黄油使用的是多余的奶源供应，而在经济萧条期间许多低收入家庭不得不减少牛奶消费，因而用于生产黄油的牛奶在经济萧条期间增加了，经济繁荣时期则减少了。因此，黄油价格波动极大。这场价格危机源于达到顶峰的产能过剩，以及其他开始影响乳制品行业赢利能力的变动因素。

低成本的人造黄油和乳制品生产商的经济危机之间的矛盾催生出了乳制品协会。对于始自 19 世纪 60 年代，在纽约、佛蒙特和威斯康星等州掀起的行业转型，乳制品协会的创建是在体制上作出的最重要回应之一。协会牵头开办了许多乳业报社，他们发行的报纸拥有相当大的公众影响力。

霍尔德开办的《威斯康星的乳牛场主》（*Dairyman of Wisconsin*）在 1870 年创刊后，从创刊时的 700 份迅速增长到 1892 年的 11 000 份，至 1918 年时则已达到 70 000 份。该报编辑威廉·D. 霍尔德（William D. Hoard）是杰出的行业代言人和早期反对人造黄油运动的领头人。他后来当选为威斯康星州州长（1888—1891 年）。

在评论一本 1986 年出版的名为《人造黄油和人造奶油》（*Oleomargarine and Butterine*）的小册子时，纽约州乳业委员会引用了以下一种说法：

> 从来没有，也不可能有比这种假冒黄油生意更蓄谋
> 已久、令人难以置信的骗局了。整个阴谋由邪恶的念头
> 构成，被商业走私者们滋养助长，并由铤而走险的狂徒
> 们付诸行动，他们狡猾地以保护无辜者不会受到不公正
> 的指控为由，要求我们的法律明智地向那些被指控犯罪
> 的人提供保护，而他们得以从容不迫，一而再，再而三
> 地恣意妄为，违反法律，并通过蒙骗群众的罪行牟取暴利。

乳业管理部门开始在协会的帮助下发挥巨大的政治影响力，并很快成为人造黄油的头号敌人。19 世纪 70 年代，旨在鼓励农户联合起来以争取更多农业利益的农庄运动兴起了，它与 19 世纪八九十年代兴盛的平民党运动[①]一起，推动了乳牛场主们加入以支持农民利益为主的地方和州级组织。借助公众对假冒乳制品的厌恶情绪，乳制品协会利用其影响力，直接推动了针对人造黄油的法令颁布，并将此举措划归为大范围反欺诈运动的一部分。

像酒精和麻醉剂一样，人造黄油也拥有深刻的社会和文化内涵。这不仅影响着市场的走向，而且左右着政府出台的政策。到

---

① 平民党运动（Populist Party），19 世纪后期美国中西部和南部农业改革者的政治联盟，主张自由铸造金银币及铁路国有化等政策。

19世纪后期，人们的社会地位取决于其可以承受的进行攀比消费的能力。这些"金钱炮弹的味道"弥漫于家庭聚餐这样的家庭礼仪中。因而，任何屈服于人造黄油的家庭主妇都会使整个家庭"掉价"，并让人质疑她的丈夫作为一家之主的能力。人造黄油的低价使它显得比黄油低劣了很多。

相比之下，黄油则散发着一种"田园气息"，引人追忆"过去那些美好的日子"，这更符合社会主流价值观。作为与黄油相对抗的替代品，人造黄油被污蔑为带来新危机的冒牌货，以及破坏天然"好食物"的人造产物。作为工业实验室的新生产物，人造黄油充满可疑的气息。

像马克·吐温（Mark Twain）这样的名人，都公开斥责它为现代社会逐渐背离自然的又一个征兆。而明尼苏达州州长哈伯德（Hubbard）则这样评价："令人憎恶的人造黄油及其相关产品"是在"堕落天才的创造性"中诞生的一种"机械搅拌生成的混合物"。在他们看来，人造黄油只是顶着黄油名声的冒牌货，它的制造商们统统都是骗子。

事实上，"假冒黄油"一词是反对者们的巧妙设计，这使人造黄油与假币似乎有了干系，因而遭到了类似的制裁。人造黄油遭受非议，而其发明者们的创新也被乳制品协会丑化为，是对黄油糟糕而不利于人们健康的仿造。乳制品行业主要通过两种手段攻击人造黄油：反人造黄油立法和虚假广告大战。

## 反人造黄油之立法

1877 年，在纽约乳业协会游说的直接影响下，纽约州议会通过了第一部反人造黄油法。因为纽约州的独特性，纽约成了反人造黄油立法的发源地，这一举措影响到包括工人阶级和移民家庭在内的大量人口，因为他们最有可能从人造黄油的低价中受益。

第二年，加利福尼亚州、康涅狄格州、马里兰州、马萨诸塞州、密苏里州、俄亥俄州和宾夕法尼亚州立即采取了类似立法措施。第一轮立法被认为是保护公众免受商家诓骗的一种手段。它要求制造商、商店、酒店、餐馆和旅馆发布公告声明是否售卖或供应人造黄油。乳业巨头们纷纷支持本轮立法，因为他们坚信，如果一切都摆在台面上，消费者们会更支持黄油而不是人造黄油。他们期望以此击败人造黄油。

许多州的立法机构也颁布了相关法律条例，要求人造黄油产品应进行适当的标记，标出"人造黄油"或"人造奶油"字样，以防止消费者混淆。他们还加大了惩处力度，并在某些情况下要求人造黄油制造商和经销商进行许可认证。

标签法在不同州有不同的苛刻要求，且适用范围也扩展到对包装的规定。一些州对容器上的标记位置、大小、使用的字体等作了要求。一些州出台的标签法要求标记容易识别，而事实是为了让人造黄油的包装不那么吸引眼球。例如，某州规定必须在容器上涂上 3 英寸（1 英寸 ≈ 2.54 厘米）宽的黑色条带，

而另一个州则要求在所有人造黄油的包装上使用烟黑色和石油色涂漆的标签。

1886 年，美国国会通过了《人造黄油法案》（*Oleomargarine Act*）。然而，此法案及随后颁布的修正案和条例都没有减缓人造黄油的传播脚步。许多消费者认为，人造黄油以相当低的价格提供给顾客与黄油同样的价值，这超过了法令的力量。人造黄油稳住了其市场地位，并且在许多情况下，选民都在公投中反对《人造黄油法案》。

1886 年的《人造黄油法案》引起了一系列诉讼。法院将它作为联邦政府税权之内的税收手段，支持了这项法案。关于标签和运营许可的起诉同样被驳回。类似的裁决维护了限制人造黄油业的州立法规。

1895 年，最高法院维持了马萨诸塞州关于着色人造黄油的禁令，并通过了禁止人造黄油原包装跨州界的法规。它们作为国家治安权的体现得到了最高法院的支持。

当乳制品业界人士发现出台的法规并没有达到其预期——减少人造黄油消费量时，他们意识到乳制品行业需要更具侵略性。乳制品行业加快了步伐，以获得更具攻击性和破坏性的反人造黄油立法。在乳制品业的要求下，一些州制定了更加严格的法规，一些州甚至完全禁止制造和销售人造黄油。有五个州进一步规定，任何模仿黄油制造的产品都必须染成粉红色。

《人造黄油法案》规定对人造黄油征收每磅两美分的税，并向人造黄油的制造商、批发商和零售商收取昂贵的许可费。当纽约州的禁令被废除时，乳制品业内的激进活动家们就将目光转向了联邦法律。1885 年 2 月，来自 26 个州的乳制品利益集团齐聚纽约，打响了争取乳制品行业与其劲敌"平起平坐"地位的全国战役第一枪。

这场运动由美国农业和乳制品协会牵头。该协会的前身成立于 1866 年，是纽约本土的奶酪制造商们建立的美国乳制品制造商协会（American Dairymen's Association）。此次运动的结果是，美国国会收到了全国所有地区的请愿书，总共收集到 21 份关于食品掺假和错标的提案，其中 16 份专门针对人造黄油。这些提案囊括了征税、标记、没收和许可规定在内的多种措施，都旨在削弱人造黄油业。实际上，这些遏制人造黄油的措施被描绘为联邦政府税管权力下的征税手段，这庇护了提案支持者们，使其免受保护主义的指控和相关宪法的责难。

在关于《人造黄油法案》的提案辩论中，乳制品业主们及其国会的支持者对人造黄油提出了几种批判性言论，但它们大多证据不足且基于贸易保护主义的偏见。

首先，他们认为人造黄油不健康。有人声称，它会引发布赖特氏病（影响肾脏）、消化不良和其他一些症状。其次，他们声称人造黄油含有"病疫或腐坏的牛肉、死马、死猪、死狗以及疯狗和受伤的羊"。最后，这些批评者们试图证明，与人造黄油及其生产过程相关的成分是有害的。在国会讨论中宣读的成分清单

中包括碳酸、氢氧化钠、硝酸和硫酸。尽管这些物质只用于动物脂肪的处理过程，并不是最终产品的组成成分。人造黄油制造商持有的专利也被视为对其不利的证据。虽然并没有证据表明人造黄油制造商们持有的专利被用于人造黄油的生产过程，但这些专利被认为是"怪人们"进行的无用实验的产物，而这些人曾在实验室里用复杂的方法生产人造黄油。

辩论期间，该议案频频被人造黄油支持者们斥为"贸易保护主义发疯了"。立法者以贸易保护主义论调削弱人造黄油业而支持奶农们。乳制品业被描绘成国家战略工业而急需保护。乳制品的贸易保护主义论调，和立法者对烟草、酒精等产品所持有的态度如出一辙，其制定的关于吸烟和饮酒的道德准则依然备受争议。

面对人造黄油，这些抨击者并没有从道德层面上发起进攻，而是选择以夸张的词汇给消费者们灌输恐慌。人造黄油产业被评论家描述为"一个阴险的潜伏者"和"一种应当被消灭的邪恶行业"。来自威斯康星州的一名国会成员宣称，"我要高举摧毁这种有毒化合物生产源头的大旗，用征税手段将其消灭殆尽"。

这场辩论弥漫着如此浓厚的硝烟，以至于当格罗弗·克利夫兰（Grover Cleveland）总统看到这项法案时，他感叹道："矛盾双方的支持和反对立场，都不过是出于个人或当地的利益罢了。"

1886 年的农业委员会是该提案的最早支持者之一，他们坚信人造黄油是不洁之物，且在议会拥有众多支持者。使议会通过该法案的农业委员会主席表示："在各方面如同纯净的黄油那样有益健康的替代品根本不存在。"他继续说道，他绝不认可人造黄油可以"成为可口和健康的人类食物"。

最终，来自乳制品之乡——纽约的克利夫兰总统签署了该法案。他解释道，他的决定是为了增加政府收入。然而，该法案最终却带来了与乳制品协会预期相反的效果。联邦法案优先于所有其他禁止性的州法律，而其中它承认了人造黄油的合法商品地位。

反人造黄油法对黄油行业还有其他反作用。1886 年 11 月，在爱荷华州，一名国家收税员扣押了 66 磅有腐败气味的黄油，将其误认为是人造黄油。他后来被迫归还了扣押货物，因为扣押物被证明是真正黄油，虽然已不再适合食用。最严重的事件发生在佐治亚州，一批挪威黄油被误认为人造黄油而查处。该州的化学家在国家农业当局的命令下检验分析了这批货物。化学家宣称，被查处的是货真价实的人造黄油。进口商向华盛顿的一个实验室请求复检，并拿出了制造商和托运人的书面证明，证明了这批黄油"确实出自奶桶"。

政府还颁布了其他法律和修正案以控制人造黄油的生产。1886 年出台的联邦法案被两度修改以规范人造黄油的着色。1902年，为了"制造人造黄油时，不使用能让它看上去像黄油的人工着色"，对未着色的人造黄油征收每磅 1/4 美分的印花税，而对着色的人造黄油征收每磅 10 美分的印花税。经销商的执照费也被调整为歧视黄颜色的人造黄油。着色修正案旨在封杀人造黄油行

业。立法者认为，如果人造黄油与黄油看起来大不相同，消费者就不会买人造黄油。

监管者低估了人造黄油行业的决心。在 1909 年前后，面对不怀好意的"限黄"监管环境，人造黄油业界在逆境中求突破，发现了一种可以为人造黄油着色的纯天然的黄色油。天然黄色的人造黄油不用再添加着色剂，因此，他们成功地让法院撤销了对人工着色的人造黄油收取每磅 10 美分税款的规定。

乳制品行业不得不提出杀伤范围更广的法规，尽管这可能会影响到自身。监管机构要求国会明确立法，以区分人工着色和天然色的人造黄油。针对人造黄油的最后一击发生在 1931 年。政府对所有黄色超过 1.6 度的人造黄油产品征收了 10 美分的税。

到 20 世纪 40 年代初，美国三分之二的州禁止出售黄色的人造黄油，20 个州禁止在国家机构中使用黄油替代品。在某些情况下，服刑机构是唯一的例外。直到 20 世纪 60 年代末，美国最后的禁止人造黄油使用黄色着色剂的禁令才被取消。在加拿大则依然持续。

## 国家乳业委员会的参战

许多反对人造黄油的战绩被归功于国家乳业委员会（National Dairy Council，以下简称 NDC）。随着时间推移，乳制品行业的局势越发扑朔迷离。

这时，NDC 出现了并成为打击人造黄油战场的急先锋，领导了乳制品消费的推广活动。为了向人造黄油持续施压，乳制品业借助 NDC，以大范围的谣言战术和散布假消息打击任何可能影响其行业赢利能力的威胁。

然而，这种营销手段已远远超出广告宣传范围，已经是一种有意为之的中伤行为。他们通过散播关于人造黄油成分、营养价值及其他方面的谣言，说服公众不要食用人造黄油。老牌的乳制品企业对可能威胁其市场份额的新生技术所持有的强烈敌意，反过来也十分鲜明地说明了科技带来的改变正快速地渗透整个国家。

想要准确理解为什么 NDC 有这样过激的反应，首先需要了解它本身。国家乳业委员会成立于 1915 年，旨在促进和推进美国乳制品行业发展。为了达成此目的，它在近一个世纪的运作过程中采取了各种各样的方法。NDC 联合起乳制品行业中的许多个体股东，以推动各种乳制品商品发展（如牛奶和黄油），而非帮助某个特定品牌，最终促进整个行业的发展。

自成立以来，NDC 始终以散布误导性信息的策略达成维持消费者数量的目标。它伪装成一个专门从事健康和儿童福利事业的教育研究机构，而不是一个利益集团。它将自己描绘成"营养研究教育的领导者"，而不是乳制品行业的推广者。即便自成立以来，它的使命就是推动美国乳制品业的发展。

从这种教育和研究组织的伪装中，NDC 获益很多。他们在营养和教育领域把自己包装成一个中立角色，游说公众，就像大学或政府那样的机构，而不是行业集团。因而，NDC 赢得了公众的

信任。这一地位还使 NDC 能够从以商业为主的利益集团之外的更广泛的基础上寻求并得到支持。那些将商业组织成员拒之门外的健康、教育和社区组织，也更愿意与拥有更强公益性的组织扯上关系。这使 NDC 得以进入学校，并获得政府机构的独家认可。事实上，在现在的卫生和公共事业部门网页上，NDC 被列为一个专为学童、消费者及健康专业人员提供营养普及计划和物资的组织。为了乳制品业进一步的利益，NDC 还对外宣称自己是一个公共卫生组织。

然而，回到 20 世纪 20 年代末，此时的 NDC 展现出的却是完全不同的意图。乳制品业人士非常清楚人造黄油会带来多大的威胁，因而借 NDC 之手抹黑人造黄油。NDC 对人造黄油的大部分声讨都与人造黄油给孩子带来营养危害有关。例如，在题为《黄油——健康不可或缺的食品》(*Butter—a Vital Food for Health*) 的报告中，NDC 断言，已有确凿的证据可以证明："在促进成长的功效方面，含有植物和动物脂肪成分的人造黄油无法与真正的黄油相比。"

这份"确凿的证据"来源于一项在孤儿院进行的实验，给七个孩子组成的实验组提供几个月的黄油，随后将供给替换成人造黄油，最后再换回黄油。在这些时间段内监测孩子们在身高和体重方面的变化，实验结果得出的结论为：食用人造黄油时，孩子们的生长速度相对慢于食用黄油时。

这项报告由纽约市的卫生官员发布，然而随后他们被迫承认，NDC 的发现只是偶然地为一小部分孩子交替供给人造黄油和黄油后所做的事后定量分析。这不是公正严谨的实验，并且数据的可信性很低。然而,这并不妨碍 NDC 通过商业广告和其他宣传途径，向公众大肆渲染该实验的结论。

NDC 不仅美化实验结果，甚至还完全凭空捏造数据。举一个例子，出自 NDC 的一篇文章介绍了有关大鼠营养实验的文献，据说该实验在辛辛那提的一所大学进行。两只大鼠有相同的饮食，但给其中一只喂食人造黄油，而另一只喂食黄油。

据 NDC 说，结果表明人造黄油喂养的大鼠发育不良，眼睛畸形，毛发粗糙脆弱，还有"骨骼缺陷"。与之相比，喂养黄油的大鼠更大，并且皮肤"鲜艳有光泽"。这篇文章将该实验结果与文尾处的结论相联系："如果母亲们希望保护她们的孩子，她们必须保证孩子得到充足的真正的天然食品，例如黄油，不存在别的替代品。"当实验受到质疑时，开展和发布这项研究的大学坚称根本不存在这项实验。尽管其结果被曝光为伪造，NDC 也仅是删去了引用的大学名，而依然继续出版这份资料。

在另一个实例中，人造黄油被乳制品行业诬陷为不含任何维生素和营养的物质。NDC 引用了一项关于一战期间在丹麦人口中存在高发病率的干眼症（一种与不良饮食有关的疾病）的研究。在其出版物中，NDC 指出，这完全由丹麦公众对人造黄油的高食用率所引起。

当战后恢复正常的黄油供应时，文章记述道，这种疾病的发生率降低。但这篇文章并没有提到受干眼症影响的人都非常年轻，

有极大的可能既不吃黄油也不吃人造黄油。此外，它忽略了其他饮食方面的影响对增加或降低干眼症发病率的作用。

丹麦当局否认了乳制品行业的这篇声明，某位发言人在给位于哥本哈根的国家营养研究实验室负责人的回应中写道："在那场战争期间……有一些母亲只给她们的婴儿吃脱脂牛奶而不是吃原乳。这些小婴儿中的几人得了'眼病'。不，丹麦人并不笨。他们自己吃人造黄油，让英国人付三倍的钱买丹麦的天然黄油。"

其他对人造黄油的攻击还包括谎称人造黄油的制造过程中使用了鲸油。1926 年，美国商会杂志《国家商业》（*Nation's Business*）报道称，一种"惊人的化工技术和贸易战略，已经踏入了将恶臭的鲸油变成人造黄油的勾当中"。

为了用最变态的措辞抹黑人造黄油，该文章称鲸油必须经过"除臭、硬化成脂肪以及除酸等工序。在经过清洗、去皮和加香之后，含蓄的说法就是，它拥有和黄油一样美丽的欺骗性外表，以及良好的耐储存性，但它再怎么出色，也不过是一种优秀乳制品的苍白乏味的替代品"。虽然许多政府机构都出面证实，人造黄油的制造过程没有使用鲸鱼产品，但这并没有打消公众的疑虑。

## 制造平衡的"椰子奶牛"盟友

尽管反人造黄油运动通过引导立法、发布虚假广告阻击新生产品，但在 20 世纪 20～50 年代期间，美国黄油消费量下降了三分之一，而人造黄油消费量却翻了两番。人造黄油行业在外部压力的逼迫下不断创新，并凭此赢得了胜利。

其中一个技术创新发生在 19 世纪末，它尤其利于激发消费者对人造黄油的偏好，还减少了针对黄油替代品的立法所带来的影响。

化学家们发现了氢化（作用）。这种化学过程使人造黄油生产商得以用植物油脂代替黄油中的动物脂肪。氢化为该行业带来了新机遇。通过加热廉价的次级油并将其与金属催化剂相接触，制造商就可以生产出基本上可稳定供应的固体或半固体产品。氢化使得前所未有的两种植物产品——起酥油和人造黄油的开发成为可能，它们后来取代了它们的动物油对手——猪油和黄油的地位。随着黄油相对变得越来越昂贵和稀缺，人造黄油成为相当诱人的替代品。氢化技术显著地降低了人造黄油的价格，减少了与其相关的污名，并为消费者提供了一种极好的营养来源。

氢化技术给了反人造黄油势力沉重的一击，但它同时也开辟了新战场。人造黄油一夜之间成为"非美国货"。因为生产者们以椰子油为原料，而椰子油完全从菲律宾进口。虽然菲律宾是美国保护国，但乳制品协会给这次技术创新打上了外国"椰子奶牛"入侵的标签。

进口的椰子油给了乳制品协会新的政治证据，它因而呼吁采取新的保护主义措施。新一轮联邦及州的人造黄油立法，即所谓

的国内油脂法如雨后春笋般涌现。多数过去支持人造黄油的南部和西部各州，也颁布了严苛的法律。人造黄油行业因椰子油失去了关键的支持者。因此，尽管椰子油被证明是上好原料，他们也不得不放弃。然而，这并未难倒人造黄油的制造商们。他们很快就找到了棉籽油和大豆油来推进事业。

在这次转型中，人造黄油行业重新振兴了棉花和大豆业，并借此获得了一个强大的政治盟友，从而粉碎了乳制品协会的封锁。

1942 年，棉籽油和大豆油占美国人造黄油原料用油的四分之三，而这一部分油分别占棉籽油和大豆油总产量的 12 % 和 17 %。反对人造黄油的呼声在大多数州开始减弱。棉花和大豆产业与乳制品业达成了政治上的平衡。这一次，乳制品协会再也不能以缺乏政治合理性为由，排挤种植大豆和棉花的农民而保护乳制品业了。奶农的平均收入比种植棉花或大豆的农民的平均收入高两到四倍，而人造黄油为这些种植棉花和大豆的农民提供了增加收入的机会。

1933—1935 年，15 个州对由"外来"原料制成的人造黄油采取歧视性征税。例如，亚拉巴马州对所有人造黄油征收 10 % 的消费税，但不包括那些由花生油、棉籽油、玉米油和大豆油，以及牛油、猪油或乳脂等国内原料制成的人造黄油。

其他一些州紧随其后，也颁布了新立法。将新原料引入人造黄油生产标志着人造黄油封锁运动的转折点。

　　这一举动给了乳制品协会限制人造黄油生产的新理由，立法运动因此扩展到了不支持乳制品协会的南部和西部的各州。南部的各州想保护他们的"本土"油料作物产业，但这给了乳制品生产商打击人造黄油的借口。照常理分析，针对人造黄油的立法确实是打压州际贸易的有效的保护主义工具。然而有趣的是，保守的乳制品协会现在却面临着几个强大的对手。

　　人造黄油持续受到歧视，引发了感觉受到法律威胁的群体的反感和报复，特别是种植棉花和养殖牲畜的农民。例如，1935 年，威斯康星州通过了一项对每磅人造黄油征税 15 美分的法规后，南部的一些种植棉花的州立即表示抗议并威胁将采取报复手段。除了州政府官员和农业委员公开抗议和威胁报复，中南部的棉花种植者协会、密西西比州的杂货批发商协会、田纳西州的劳工联合会以及其他机构也进行了严正的抗议。

　　人造黄油行业还有其他盟友。例如，爱荷华州的杂货商协会与爱荷华州的农业局和乳制品利益集团相抗衡。在其努力下，人们提交了一项旨在开放黄色人造黄油销售的议案。作为开放销售运动的一部分，它还向议会成员和州政府官员提供了黄色人造黄油的样品。

　　当时反对者们告诉参议院说，人造黄油对人类健康有害，并声称它会造成脱发，阻碍生长发育，影响性健康。

　　为了支持这项法案，参议员乔治·奥马利（George O'Malley）现身说法，他说自己食用人造黄油多年，希望停止将它与添加剂

混合以得到黄色的做法。他强调，自己的健康状况很好，并提醒议员们自己仍有一头浓密的灰发及 6 英尺（1 英尺 ≈ 0.3048 厘米）3 英寸的身高（约 1.905 米）。他还告诉全体参议院成员，他和他的妻子有 10 个孩子，呼吁大家不要听信人造黄油会造成不孕不育的谣言。第二天，参议院通过了该法案，取消了阻碍人造黄油销售的措施。

现在，在美国的一些州立法中仍然可以找到阻碍人造黄油传播的痕迹。例如，在密苏里州，一条可追溯到 1895 年的限制黄油替代品的法规仍在法典之中。尽管已不再被施行，但它规定，人造黄油的经销商可被拘留一个月，并处以 100 美元罚款。惯犯则足以判处 6 个月有期徒刑并罚款 500 美元。

在第二次世界大战结束的前夕，人造黄油再次回到美国的政治舞台上。当时的美国第一夫人埃莉诺·罗斯福（Eleanor Roosevelt）在人造黄油的商业广告中出镜，这似乎是对西奥多·舒尔茨（Theodore Schultz）的某种澄清。这场关于人造黄油的争论持续了 6 年的时间，进行了 4 次大型听证会，产生了 50 多份夭折的法案。

1947 年，暴涨的黄油价格凸显出人造黄油的价格优势。1902 年颁布的人造黄油法分别在 1949 年的众议院和 1950 年的参议院中被废除，这使得人造黄油恢复为适用于食品药品法的正常食物。此后，人造黄油稳步超越黄油，成为人们膳食脂肪的主要来源。

今天，这两种产品被广泛混合销售。但是黄油和人造黄油之间的纷争并没有结束。关于人造黄油健康风险的诉讼和反诉讼依然是热门话题。不过，卫生当局都基于事实依据决策判断以提高食品安全，而不再考虑是哪一方提出来的质疑。

这种方法使监管机构得以用最新的食物安全信息来决定怎样保护消费者，而不是保护特定行业。例如，在 2015 年，食品药品监督管理局（FDA）公布了新的管理条例，在 3 年内逐步淘汰用于延长加工食品保质期的反式脂肪酸。这一方面的管理始于 1999 年，当时食品药品监督管理局要求制造商标明其产品中反式脂肪酸的含量。该条例于 2006 年生效，尽管如此，公司们依然在加工食品中使用部分氢化的油类。

反式脂肪酸仍然可以在薄饼、饼干、蛋糕、冷冻馅饼和其他烘焙食品中发现：快餐食品（如微波爆米花）、冷冻比萨饼、蔬菜起酥油和人造黄油、咖啡乳精、冷冻面食（如松饼和肉桂卷）及随时可用的霜状白糖。预计这一淘汰反式脂肪酸的措施可以每年减少 7 000 名死于心脏疾病的患者，近 20 000 人得以免受心脏病的袭击。

反式脂肪酸的危害证据已使得食品药品监督管理局认为反式脂肪酸不再属于"通常被认为安全的"物质的法律范畴。这些条例将适用于所有反式脂肪酸，不管是人工的还是天然的产品。

## 堂而皇之的游说

人造黄油是现有产业以立法手段限制或扼杀新技术的最好案例之一。乳制品行业采用一系列多样的战略封锁人造黄油，包括打虚假广告，污蔑人造黄油以及制造其他健康恐慌的手段。他们的目的是维持公众对立法限制人造黄油的支持。人造黄油案例中得出的几个经验教训，都与当代针对新生技术的政策争论息息相关。

**人造黄油的案例研究带来的第一个主要经验教训是：对新产品的抵制如何导致游说组织的兴起，以及立法如何成为限制新产品贸易的主要手段。**

应新技术的兴起而生的游说组织，是政府对待创新的不断变化的态度的重要映射。乳制品协会的大部分努力都集中在规定标签、分隔产品和限制州际贸易上。其总体战略是在推动联邦立法之前，通过限制性的州治法律封锁产品。最近，类似的策略已被应用于由有机食品倡导者领导的转基因作物的标记运动上。值得注意的是，人造黄油的市场空间的创建伴随着限制法的废除。

**人们应该汲取的第二个经验教训是：针对新技术的技术性贸易壁垒如何以微妙的形式留存于世界各地。**

从根本上说，这种壁垒旨在将新产品斥之门外，以保护现有行业。在这些限制措施中，最重要的当数标签法的相关规定。这些要求通常被视为保护公众利益的举措，比如保护消费者的健康或保护生态环境。

人们通常很难区分这些标签法究竟是为了保护人类的健康，还是有潜在的保护现有行业的动机。确保公众健康和生态环境是否受到保护是一个真正值得关注的问题。但在许多时候，并非所有支持标签法的人都是从这些理由出发的。就像人造黄油案例所展现的，一些支持限制性立法的人，显然对如何将人造黄油赶出市场更感兴趣。

尽管如此，那些其他呼吁限制性立法的人可能并不期望看到如此极端的结果。在许多情况下，新生行业对标签法的抵制，实际上可能只是源于对它的影响缺乏清晰的认识。

**人造黄油带给我们的第三个经验教训与人们对新产品的技术基础的质疑有关。**

它经常以对潜在专利的道德担忧为形式，挑战新产品的技术基础。人造黄油的对手们声称，用于人造黄油生产的专利是邪恶的，是对公共秩序的威胁。在许多当代的辩论中，专利依然是诸多争论的源头。生物技术工业的核心支柱——生物体的专利自然也备受争议。

与之类似的有关知识产权的争论风暴也曾在软件领域肆虐，而这场风暴带来了开源时代。然而，在这场事件中，人们更关心的是技术产物的相容性而不是其带来的道德影响。知识产权作为授予发明者独家权力的一种工具的前提下，专利辩论通常着眼于

技术排斥。知识产权给予发明者通过开发新业务或商业模式改变利益流的能力。在这方面，与知识产权相关的社会焦虑通常是正常的。但是，寻求限制知识产权保护可能不是促进技术包容性的最佳方式。

**我们得到的第四个经验教训与公众教育在技术争议中扮演的双重角色有关。**

在第一个例子中，乳制品行业运用了包括虚假广告在内的一系列手段，将信息传达给公众。这些信息试图说明人造黄油的潜在风险。其中一些信息来自旨在挖掘人造黄油负面影响的研究。政策制定者们很容易被公众舆论和游说组织打动，因此往往基于为达到特定政治目的而被设计出来的研究作出决策。

另一方面，人造黄油的支持者们也试图以公众教育和广告来反击被设计出来的信息。

与公众的沟通能力和塑造信息的能力成了这场论战的一个重要方面。它能利用公众对经济事务的看法，将信息传递至政府最高层。将人造黄油的形象打造成为一种低成本的食品有助于其加强政治吸引力。双方都采用了多种形式传递有利于己方的信息，其中最有趣的是利用卡通激发公众想象力。

这场斗争给政策制定者们带来的最为重要的教训就是监视大众媒体的重要性。今天，由于媒体的多样性以及共享和各种倡导特定立场的认知社群的存在，决策者的任务变得尤为艰巨。

争论所带来的第五个重要教训是技术创新和制度变革的共同演进。

乳制品行业游说团体的创建早于人造黄油团体组织的出现，但进入市场的产品会塑造组织的议程和公共立场。已经存在的组织经常根据新的技术发展重新调整其使命。人造黄油业必须在州和国家的层面上建立自己的支持机制。它们通过公众教育和游说，成为倡导成立新生部门的场所。这两个行业之间的紧张关系正是通过这些组织的不同使命展现出来的。

这场争论带来的最后一个政策经验教训是科学的不确定性。

政策制定者需要建立开放的、可根据新信息进行调整的监管机制。曾有一段时间，一些消费者坚信人造黄油比黄油更健康。但随着反式脂肪酸影响健康的新发现的传出，监管机构调整了它们的安全性评估方法。监管机构如何应对科学不确定性是公共机构可信任度的一个关键方面。黄油与人造黄油之争仍未谢幕，食品安全的焦点已经转向了食品中的特定成分，如反式脂肪酸，而不是整个产品。

# CHAPTER 3

## 第 3 章

马与马力的较量：美国农业机械化

WHY PEOPLE RESIST NEW TECHNOLOGIES

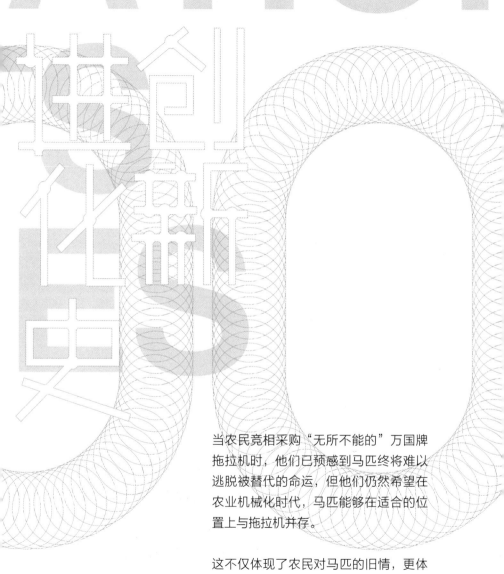

当农民竞相采购"无所不能的"万国牌拖拉机时，他们已预感到马匹终将难以逃脱被替代的命运，但他们仍然希望在农业机械化时代，马匹能够在适合的位置上与拖拉机并存。

这不仅体现了农民对马匹的旧情，更体现了他们对旧式田园生活的眷恋和回忆。

如果你不冒任何风险，那么你的一切都是在冒险。

——吉娜·戴维斯（Geena Davis）

如第 2 章所示，人造黄油的紧张关系以人们努力从市场上减少或消除这种产品为标志。很多负面运动都致力于分隔产品并给其一个独一无二的标识，以便帮助消费者识别和拒绝该产品。

通过引入拖拉机，美国农业机械化走了一条不同寻常的道路。本章展示了现有畜力资源是如何与新兴机械化革命寻求共存的。

历史上，美国农业机械化可以称得上是真正意义上的变革。在 20 世纪初，近一半的美国人生活在农村。它的农业由多种经营的小型农场、近一半的国内劳动力和近 2 200 万头役畜主导。

如今，美国的农业领域集中在人口稀少的农村地区，依靠"大型的、专业化的……高产的机械化农场，雇用的工人只占美国劳动力的一小部分，并使用 500 万台拖拉机代替了早期的马和骡子"。

　　根据艾伦·L. 奥姆斯特德（Alan L. Olmstead）和保罗·W.
罗德（Paul W. Rhode）的经典研究，这种变革是"巨大的熊彼特
式的对抗过程，因为固有方法的捍卫者煽动大众情感以引起关注，
并试图利用法律和政治制度手段，预先阻止创造性破坏的过程"。

　　然而，当他们觉察到正在逆流而动时，他们就会寻求和解与
共存。本章审视了两种动力来源的拥趸及其如何为自己的立场辩
护。从本质上说，具有巨大改进潜力的新技术，与已经达到生物
极限的现有畜力来源相对立。因为最初发挥的作用迥异，马和拖
拉机之间的竞争具有很大的不确定性。这导致人们的争论倾向于
共存，而不是排除新技术，但技术改进、工程技能和拖拉机功能
的多样化最终使马匹变得多余。

## 初级阶段的农业机械化

　　美国农业的机械化，特别是拖拉机的引进，的确是一个深
刻的变革。它类似于熊彼特对铁路在交通运输中的影响的描述。
机械化之前，大多数小农场主不具备实施商业化的资本和资源，
农场主要是为了维持生计。在美国内战前的几年里，农民通常
只使用一些基本的工具，如用牛和驴子耕田。

　　新农业技术的推广是缓慢的，即便是简单的如转轮式马拉
搂草机的推广过程也十分缓慢。人力是农业动力的主要来源，
因此，技术主要为适应家庭经济模式而设计。其中一个常用的

工具就是铸铁犁。铸铁犁由金属和木材制成，以马或驴子作为动力。它从早期更简陋的模式发展而来。即便如此，由于一些翻起的土壤太厚，脆弱的木制犁板经常发生断裂。使用铸铁犁，一个农民一天可耕种约一英亩（1 英亩 ≈ 0.4 公顷）土地。

此外，一种名为草原犁的工具流行起来，主要用于翻耕草原地区较为密实的土壤。虽然它比其他犁重了很多，但它可以翻耕硬实的土壤。使用草原犁是强体力劳动，然而每天也只能多耕两英亩地。

为提高犁地、耕作和种植技术的效率，一些创新者开始开发替代工具。1837 年，约翰·迪尔（John Deere）在另一个伊利诺伊州铁匠约翰·雷恩（John Lane）的基础之上，打造出一种使用高度抛光的熟铁犁板和钢犁铲的犁。更加坚固的钢犁可以翻耕更多类型的土壤。起初，人们对迪尔的钢犁接纳得很慢，直到 19 世纪 50 年代后期，农民才开始大量购买这种新工具。钢铁当时很昂贵，因而通常只有较为富裕的农民才买得起迪尔的犁。大约是到了内战时期，迪尔的钢犁才在大部分中西部地区站稳脚跟。到 1957 年，迪尔每年生产 10 000 架犁。

迪尔并非唯一创新者。其他农具的发展，如赛勒斯·麦考密克（Cyrus McCormick）的收割机，使农民每天收割超过 12 英亩谷物。然而像收割机这样的创新主要发生在中西部，对非谷物种植者没多大用处。大多数情况下，这一时期农业机械方面取得的进步具有区域排他性，农民直接从农业机械创新受益的不多。

随着内战爆发以及随之而来的政治和社会动荡，美国农业发生了重大变化。内战促成了第一次农业革命，使人工劳动过渡到牲畜劳动阶段。由于农产品需求的急剧增加和征募造成的劳动力短缺，政府号召农民采取能够提高生产力的做法。迪尔的钢犁和麦考密克的收割机促进了更大量的牲畜劳动力的使用，并使农民能够在更短的时间内生产更多粮食。

战争期间，粮食、玉米和其他农产品的价格一路飙升，技术进步帮助北方农民满足了国家需求。在战争的最后几年里，南方的经济破败不堪，而北方优化了其多样化的作物系统。战争及其造成的奴隶劳动力的损失在许多方面都促进了创新性农业方法的产生和农业机械化。

从 19 世纪末到 20 世纪初，农业产生了显著变化。但人们往往认为这是演进的不同阶段而非革命。正是在内战时期，农业迎来了新的发展，而在战后的岁月中进展缓慢。战后时期的一个显著发展是出现了蒸汽牵引的发动机。虽然发动机提高了生产力，并减轻了部分农民的工作量，但它并没有普及。即使在生产高峰期，许多农民也买不起发动机。此案例表明，新技术未必比传统农业方法更实用。

蒸汽牵引机的主要意义也许在于帮助社会接受农业机械化的方式。蒸汽机有助于实现农业商业化，并"将农民引入机械化和公司化的世界"。蒸汽机也为汽油拖拉机铺平了道路。蒸汽机的生产量和使用量虽然不大，却帮助激发了未来的技术和工程发展。

## "大萧条"前，拖拉机行业大繁荣

发明家约翰·弗洛利奇（John Froelich）在 1892 年发明了第一台汽油动力牵引的拖拉机。在 20 世纪的第一个十年里，许多公司雨后春笋般涌现，推销他们制造的拖拉机。竞争促进了更多的创新。到 1906 年，有 11 家大型公司生产拖拉机。世纪之交时，哈特－帕尔公司（Hart-Parr Company）率先向拖拉机生产的商业化迈出重要一步。意识到汽油牵引拖拉机是利润丰厚的市场时，万国收割机公司（International Harvester）仿而效之，到 1911 年，它已成为美国领先的拖拉机生产商。

拖拉机生产公司的数量激增，但购买他们产品的农民的比例仍然很小。购买拖拉机的农场数量只占总农场数量的小部分。制造商未能诱使依靠畜力的主流农民购买产品。拖拉机市场很快就泛滥成灾。20 世纪初的拖拉机工业的繁荣时代就这样结束了。

值得注意的是，汽油拖拉机使用量快速增长，并不是因为它比马匹更有优势。在西部，有大片未开垦的草原等待着人们去垦殖成农田，但缺乏足够数量的马匹做这项工作。然而，企业并不认为拖拉机是一个好的投资项目。操作拖拉机并不像驾驭马匹那样容易；维护成本常常高于购买价格；对于小农场来说，拖拉机的尺寸和重量都不切合实际。有些人认为，制造公司过早地把拖拉机带入了市场。

虽然有些人对引入汽油牵引的拖拉机感到不安，但也有如新闻界人士这样的人对此感到兴奋不已。许多有影响力的记者及其所属报纸都支持拖拉机的发展，并且鼓励进一步提高拖拉机的普及率。新闻界将汽油拖拉机看成是对农业和整个经济都有价值的东西。那些记者认为，拖拉机是农业机械化过程中不可避免的下一步，他们努力提高着公众对技术发展好处的认识。

在拖拉机大起大落后的几年里，新闻界的正面报道刺激了汽油动力拖拉机新设计和新版本的产生，像万国收割机公司原本就想生产更小、更轻和更便宜的机器。在第一次世界大战之前及战争期间，一些公司试验了更小、更有效的拖拉机。伴随着战争造成的劳动力和牲畜的损失，拖拉机进入大规模生产的第一阶段。

一旦拖拉机变得更加可靠，并且拥有更多功能，拖拉机使用的最后一些障碍就被打破了。但制造公司不负责任的行为不可逆转地威胁到消费者对产品的信任。到了 1917 年，通过重大改进，汽油动力拖拉机从一个庞大、笨重的机器变成更易于操作的机器。

1925—1928 年，拖拉机的数量从 54.9 万辆增加到 78.2 万辆。截至 1932 年，农场里的拖拉机已超过 100 万辆。即使拖拉机的生产量在大幅度增加，但农民仍在继续权衡采用拖拉机的成本和收益。在 1925 年的繁荣之前，人们对拖拉机行业的不信任度陡升。战争期间，拖拉机公司通过促销和销售劣质拖拉机占取农民便宜。

19 世纪中后期，农业产业变得混乱不堪。拖拉机的价格暴跌，需求下降，小型制造公司过剩并失去业务。"到 1920 年，由于缺

乏标准化模型，拖拉机公司的失败导致了经销商和修理工流失，以及农业经济的衰退。加上亨利·福特（Henry Ford）在市场上倾销了十万台廉价的福特森 (Fordsons) 拖拉机，拖拉机行业失去了原有的可信度。"自 1892 年开始，汽油拖拉机经历了起起伏伏的不同时期。拖拉机努力满足着普通农民的需求，但却经常使人产生忧惧。

## 马与马力如何共存？

多功能拖拉机的出现势必引起机械化与畜力的冲突。1924 年，万国收割机公司推出了法尔毛（Farmall）拖拉机，"（它）是全球市场上第一台多功能、可靠性高、设计精良的拖拉机"。法尔毛拖拉机不仅可以翻耕，而且还可以帮助农民中耕[①]和播种。多用途性在新型拖拉机的设计中逐渐体现。技术的多样性，将引导工程师和创新者创造出生物进化般多样化的新产品。

法尔毛只是新型拖拉机的一个代表。"公牛（1913 年）是第一台灵活的小型拖拉机，亨利·福特广受欢迎的福特森（1917 年）是第一批大规模生产的产品，革命性的麦考密克－迪尔的法尔毛（1924 年）是第一台能够中耕的通用拖拉机。法尔毛是最早安装了动力输出装置的拖拉机，这使它能够直接将动力传输到牵引装置上。"特种拖拉机的技术多样性与工程技术和内部改进，在使

---

① 中耕，指对土壤进行浅层翻倒、疏松表层土壤。

财富最大化以及促进其快速推广上都发挥了关键作用。因此，拖拉机的采用是农业部门共同变革的结果。

法尔毛拖拉机推出那一年，拖拉机的倡导者和马匹的捍卫者之间的大争论刚刚拉开序幕。双方从不同的角度发起争论，代表了不同的社会经济观。在争论中，拖拉机的倡导者们激发了人们对技术的乐观意识，这似乎促进了马匹的大规模更换。

然而，马匹的捍卫者们也不甘示弱，他们采取了不同的争论策略。他们的旗手是美国爱马协会（Horse Association of America，以下简称 HAA）的执行秘书韦恩·丁斯莫尔（Wayne Dinsmore）。他求助于"农场经营的复杂性，可靠的可比较的信息的缺乏，以及许多工程师们对马的热爱"。HAA 发布传单，列举了畜力优于拖拉机的种种好处。例如，一张传单声称，"骡子永远是唯一的应该制造的傻瓜型拖拉机"。

HAA 使用"滑坡谬误"[①]论据以阻止其成员采用拖拉机。它的一份通讯说："我们认为所有的拖拉机都很糟糕，只是一些比另一些更糟糕。当它落实到真金白银时，我们相信，任何处理掉马匹，并用拖拉机干农活的农民，最终都将落得'竹篮打水一场空'的下场。他只是白白地为卖拖拉机的人打工而已。因为刚收获到足够的小麦或其他农产品。"事实上，如果考虑到生产商们此时正在快速开发新的拖拉机，这个陈述还颇有几分真实性存在。

---

① 滑坡谬误（slippery slope），是一种逻辑谬论，即不合理地使用连串的因果关系，将"可能性"转化为"必然性"，以达到某种预设的结论。

到 20 世纪 20 年代初，伊利诺伊、印第安纳和俄亥俄三个州将近 85% 的耕种使用拖拉机。但拖拉机还做不了许多其他农活。1921 年，伊利诺伊州的农学通报指出，因为不能进行"割草，摘玉米穗和剥皮、施肥、脱粒、牵引、翻晒、捆扎，把干草放入牲口棚或码垛，或其他操作"，拖拉机产业衰落了。

HAA 成立于 1919 年，是美国著名的早期游说团体之一。其既定使命是"帮助和鼓励马和骡子的繁殖、饲养和使用"。更广泛地说，它的创立是为了"支持牲畜经销商、马鞍制造商、蹄铁匠、马车制造商、干草和粮食经销商、卡车驾驶员、农民、育种者和其他对马和骡子有经济或情感兴趣的商业人士"。

20 世纪初，马在农场占主导地位。这推动了以它为中心的经济产业的发展。美国有四分之一的农田只是用于为农场工作的动物提供饲料。它们是超出农场的经济体系的一部分。据估计，役畜消耗了全国燕麦作物的 68%、干草作物的 45%、黑麦作物的 25% 以及玉米作物的 24%。如果役畜消失，兽医、马具制造者、蹄铁匠和这张庞大支撑网的其他部分也将受到影响。

所有这一切意味着，如果拖拉机大行其道的话，复杂的传统世界、职业，甚至知识都会逐渐消失。在典型的熊彼特方案中，"旧事物将被新事物替代……但是对于马的支持者来说，支持基于石油的农业系统新结构会不那么人性化，并且只有很小一部分人会受益，特别是在当地层面"。

因此，HAA 不只是发动了一场拖延拖拉机的推广的战争，更是声援了维护生活方式的道德动机。人们真正担心的是，拖拉机的采用将使农民依赖来自于城市的专业知识技能、零配件、燃料和以前在农场就可获得的其他投入。马可以自行繁殖得越来越多，而拖拉机会折旧贬值。这成为人们反对这项技术的一个有力论据。

在 1919 年的芝加哥农用动力大会上，人们更加明确了建立国家游说组织的目标，并认为拖拉机产业的威胁显而易见。在技术的警报下，HAA 的主席弗莱德·M. 威廉姆斯（Fred M.Williams）写道，"在这个国家，汽车运输的过度使用已经远远超出了理智的程度，除非采取措施减少这种不必要的浪费，否则最终结果对国家的未来福祉会是灾难性的"。

从一开始，HAA 就受到了激烈抨击。《奇尔顿拖拉机杂志》（Chilton Tractor Journal）创刊后不久指出，即使它是"全国性的反拖拉机宣传运动……也不能指望阻止拖拉机行业的上升潮流，哪怕是最轻微的程度"。该杂志力劝那些"经营马匹和骡子，或干草和马具的人，趁拖拉机行业还年轻、充满机遇，进入该行业"。

为代表马匹行业相关的经济利益，HAA 组织了一项广泛的"草根运动"以保护马区在美国经济系统中的地位。与其他宣传团体相比，HAA 并没有要求人们完全放弃汽车和拖拉机，而是寻求健康而公平的马匹与科技之间的共存。

HAA 提出了广泛的论据以推动二者共存，但拖拉机的倡导者们可能把这种行为当作一种拖延新技术被采用的策略。HAA 抱怨美国农业部的无能为力，"迫使农民在卡车和拖拉机用坏时，

用马或骡子代替卡车和拖拉机"。这样的举动可能会保证役畜的市场，也可能会为机械故障提供保险措施。但该项提议忽略了拖拉机还处于发展的早期阶段，与马相比，它具有更大的改进潜力。

然而也有更强烈的声音希望彻底消灭拖拉机。例如，得克萨斯州的一位医生就写信给富兰克林·罗斯福总统，呼吁销毁所有拖拉机和卡车。来自内布拉斯加州的一位农民认为，解决萧条的办法是取缔拖拉机制造业。另一位来自俄亥俄州的农民提出，对拖拉机征收处罚性的税额以阻止人们购买拖拉机。

HAA 的语气则和缓得多。他们认为，马已经在做拖拉机想做的事了，没有必要更换它们。有人认为，拖拉机的马力是固定在发动机上的，因此缺乏灵活性。换句话说，农民不能调整马力大小以适应正在执行的任务。马匹是组合式的，可根据需要增减。此外，劣等马可以很容易地被替换掉。

与马相比，拖拉机很不靠谱，需要维护保养，对于农民来说，这较难做到。由于维修维护能力的缺乏，马获得了更多的支持。正如一位农民所说，"我试用过一台拖拉机，但……我花了大量的时间将我的'机械马'从泥坑里拖出来，这比我正常使用它的时间多了十倍还不止"。

HAA 还资助相关的研究——那些证明马匹适合拖运短距离内的重物的研究及鉴定书，以此说服业主不要改用送货车。另一方面，拖拉机支持者们反驳说，尽管马可能比较适合运输短时的重物，但拖拉机工作的时间更长且速度更快。

HAA 曾开展一项运动以左右公众舆论支持马匹，并反驳越来越多的、说动物已经过时的观点。HAA 从三个角度，以系列短片、电台广播、直接邮件、电影广告和执行秘书全国巡讲等手段推动游说运动。它旨在向人们阐述马在军事、城市和农村环境中的优势。

军方也为马和骑兵数量的不断下降而焦虑不堪。约翰·潘兴（John Pershing）将军和乔治·巴顿（George Patton）少将都主张保留骑兵部队。1930 年，帕顿强有力地论证了装甲车永远不能替代马匹。HAA 以军事领导人发出的声音为依据，将马的衰落定性为对国家安全的威胁，并认为，现代战争依旧需要役畜运输、拖火炮和侦察。

在城市层面，HAA 侧重于讨论与马匹使用密切相关的经济及法律问题。它主张反对地方和国家官员提出的抗马立法。例如，街头会出现汽车、马匹和有轨电车争夺道路空间的"大战"。HAA 坚决反对任何禁止马匹在市内街道上自由通行的措施，反而要求对汽车的泊车加以限制。虽然汽车行业的人认为马是城市街道发生交通堵塞的主要原因，但 HAA 断言，停放的汽车才是拥堵的主要原因。反过来，解决方案不是消除道路上的马匹，而是禁止在某些地方停车，给行车道腾出更多的空间。

HAA 在匹兹堡、波士顿和洛杉矶的宣传非常成功，使得这些城市出台了汽车泊车的限制令。游说组织还印发了汽车的使用会增加环境和健康风险的材料。一些科学研究声称，与汽车尾气

相比，马粪对环境和人类健康几乎不构成威胁。通过在大规模发行的出版物上发表这些发现，并开展全国性的宣讲，协会的代表们成功地向美国公众灌输了信息。

为了促进马匹在农业中的作用，HAA 瞄准了农民、（动物）饲养者、银行家和学者。HAA 侧重于拖拉机使用的增加和过度生产的现实之间的关系。它断言，如果农民还没有拖拉机，那么保持与马匹的合作就具有最好的经济效益。饲养者受到 HAA 的鼓励，不仅继续养马，而且把马养得膘肥体壮，想使其与拖拉机竞争。

事实上，1917—1943 年，马匹的平均体重从 1 203 磅增加到了 1 304 磅。HAA 推动了更多的研究来最大化单个或团体的马的表现。它甚至成立了美国农业工程师协会畜力委员会（Animal Motors Committee in the American Society for Agricultural Engineers），以便对学术研究施加影响。最后，为了反对马匹的效率比拖拉机的更低的批评，HAA 建立起一套完整的教育课程，指导农民如何更好地照料他们的马匹。

1921 年，在北达科他州法戈市的一次宣传作秀中，国家器械与车辆协会的拖拉机部举办了一场比赛。用马和拖拉机比赛，分别做一个十英亩的苗床。评委们根据它们完成的速度和质量作出评判。因为没有获胜的把握，HAA 拒绝参赛。马匹的结局并不太好。那年 6 月，法戈市的温度上升到了约 100 华氏度（约 37.8℃），比赛最终造成 5 匹马死亡。

论战双方利用每一个机会突出对手的弱点，这反过来又导致了彼此的改进。HAA 指出了与拖拉机相关的机械问题，这启发了生产商进一步的改进工作。拖拉机游说组织抓住马会有疾病爆发这一弱点，大肆渲染马匹的局限性。例如，20 世纪 80 年代末期，马爆发昏睡病（脑脊髓炎）时，拖拉机的发起者们作出误导性断言：马的死亡率高达 40 %。协会则通过邮件、无线电广播台和出版物作出回应。但它同时也鼓励其成员更加注意马匹的照料和营养。

协会对赠地大学①施加压力，使其分配资源和人员研究马在家庭农场的益处。因为大多数美国农民在 20 世纪初都没有自己的拖拉机，所以 HAA 认为，农业研究站应相应地调整其研究。一段时间以来，HAA 成功改变了一些赠地大学研究中心的议程。

最初，与汽车和拖拉机行业有利害关系的组织以一种讽刺和过度自信的态度，对 HAA 的倡导作出反应。一些著名的拖拉机杂志，将 HAA 发起的运动比作一种暂时的、思想落后的运动，很快就会烟消云散。从他们的角度看，任何寻求在农业经济中维持马匹地位的组织，打从一开始就注定了要失败。

到 1945 年，甚至连 HAA 也承认了自己的失败。它的出版物慢慢地从案例研究转向了马的娱乐性。内燃机最终战胜了马，这主要是因为它们的普遍适用性及更强大的维修服务机构的出现。HAA 未能保住马在美国经济系统中的地位，这并非是任何一个

---

① 赠地大学（land-grant universities），是美国由国会指定，得益于莫雷尔法的高等教育机构。莫雷尔法通过将联邦政府拥有的土地赠与各州来兴办、资助教育机构。

对手游说运动的结果。有一种观念认为，随着技术和工程的新产品在城市、农场与军队中的出现，人们对役畜的需求量减少了。由于马匹数目的减少，更多美国人开始使用马匹做娱乐消遣活动。如上所述，HAA 代表那些在经营马匹生意方面有既得利益的人，它进行了令人印象深刻的公众倡导运动。虽然它的目标没有实现，但 HAA 的工作是一个很好的例子，用以说明活动家们如何代表现有行业或技术调动一切可以调动的支持力量。

　　加州农业行动计划署诉加州大学董事会一案与 HAA 经历的类似。1979 年，计划署向加州高级法院提请诉讼。它体现出了几十年前 HAA 的许多特征。它们虽然在目标上类似，但它们使用的战略战术有所不同。HAA 采用的是宣传手段，走的是群众路线，而后者则运用法律武器达成目标。在美国，司法制度之外的游说逐渐过渡到以法院为手段实现政策支持。这加重了人们的好奇心：对抗性运动的成败与法院的普遍作用之间的关系究竟是怎样的？

　　加州农村法律援助会（California Rural Legal Assistance，以下简称 CRLA）代表 19 个个体农民和非营利性的加州农业行动计划署（California Agrarian Action Project，以下简称 CAAP）起诉加州大学。CRLA 声称，该学校的农业研究项目损害了小农场主的利益，违反了《哈奇法》(Hatch Act) 的精神。初审法院于1987 年作出了 CAAP 胜诉的裁决。上诉法院随后在 1989 年推翻了这一裁决。

《哈奇法》是 1887 年通过的，农业试验站因此得以在联邦政府资助的大学的基础之上创建。该法案提交和通过的动力是提高教育和农业进步意识，以促进卓越的产品和更高的效率。在 CRLA 的支持下，CAAP 声称，加州大学的大部分研究都违背了该法案的初始目的。CRLA 认为，加州大学过分强调机械化和农业技术的研究，从而牺牲了家庭农场和消费者的利益，帮助了大型农业企业的发展。具体来说，加州大学的研究取代了农场工人，淘汰掉了小农场，坑害了消费者，降低了农村生活质量，阻碍了集体谈判。它宣称，针对这些不满，政府应将更多资源用于提高加州小农场主的生活质量。

这一案例阐明了人们对机械化的敏感性，以及各方保护自身利益的迫切程度。CRLA 所采取的法律行动提出了意义非凡的问题，它涉及研究机构的学术自由和法律解释的差异性。虽然机械化影响了所有的农业生产区域，但这个案例主要集中在由加州大学研究人员开发的番茄收割机上。在番茄收割机出现之前，有 4.4 万人从事番茄收获工作，他们大部分都是非法入境者。

到 1984 年，只有 8 000 名劳动者收获番茄，而他们的主要职责就是驾驶收割机。当我们审视这些数字时，劳动力被取代似乎是机械收割机造成的结果。研究表明，虽然番茄行业的就业机会减少了，但加州其他劳动密集型产业的劳动力需求却增长了。从这个意义上讲，一个领域就业岗位的流失与另一个领域的需求相抵消。这成为反对 CRLA 的机械化危害大多数农民

生计论点的有力论据。同样地，灌溉和工厂的工作需求创造出更多的工作岗位。

番茄收割机的争论只是农民和研究人员间紧张关系的一个例子。农民想要保住自己的工作，而研究人员想要创造省时省力的机器。1987 年，法院初步裁决原告胜诉，并要求加州大学采取措施以确保一定数额的联邦资金用于解决与家庭农场有关的问题。

然而在 1989 年 5 月，加州大学赢得上诉，如法院所述，它并没有违反《哈奇法》的规定。法院裁定，《哈奇法》没有明确列举出哪些区域的农民应从联邦资金中受益。《哈奇法》的目标是"帮助美国人民获取和传播与农业主题相关的实用信息，并促进科学调查和实验，尊重农业科学的原则和应用"。上诉法院根据其对法规和判例的解释作出裁决。一些人认为这个逆转是对农业劳动力的打击，而另一些人则认为它捍卫了学术自由，保护了技术和工程的持续改进。

CRLA 的做法在许多方面都可被视为是 HAA 早期运动的扩大。两者都倡导公平的政策，但还是要面对新事物和新技术的存在。

技术的不确定性也与现有行业的恢复能力相关，正如面对机械动力时，人们发动的保护畜力的运动所展示的那样。机械动力在道路和农场的应用，威胁到那些依靠马匹为生的人。此外，它对传统观点提出质疑，即农民应该能够增加自己对农场的话语权。

## 罗斯福新政的农业困境

鉴于农场机械化与试图确保马匹利益之间的热烈争论，我们有必要讨论这种现象最终如何在社会中制度化。与大多数技术创新一样，新技术有一个被接受或被拒绝的过程。随着 1892 年汽油发动机的发明和 20 世纪初拖拉机的商业化生产，农业的新时代降临了，农业法规及农业企业以游说活动影响公众舆论的新时代也降临了。

《哈奇法》的通过使得大学专注于能够在农民间传播的农业研究。通过已创办的农业杂志和报纸，农民可以在赠地大学获取新产品的信息。此外，一些大学成立了向农民提供知识和科学教育的农业研究所。无论农民是否能立即接受新做法，出版物和研究所都为提高农业技术和相关工程技能提供了一个组织机构。

1914 年的《史密斯－列维法案》（ *Smith-Lever Act* ）和 1917 年的《史密斯－休斯法案》（ *Smith-Hughes Act* ）两项立法帮助了农业技术和创新思维的正常化。《哈奇法》要求在大学设立实验站，而他们则力图将赠地大学的工作延伸到家庭农场和当地社区。通常，这些措施以出版的手段向美国农村传播新知识。

《史密斯－休斯法案》要求，联邦政府需资助鼓励高中开设职业课程，以使学生了解新兴的农业技术和工程技能。这些立法措施与拖拉机的演进相吻合，使美国人更加了解机械化。

农业法规与专门从事研究和教育的机构有助于加强技术和工程的重要性，并作为后续创新的基础。

随着拖拉机被广泛采用，农业法规将重点转向控制价格和过度生产。赠地大学和农业研究所继续试验和探索新的耕作方法，但社会的主要关注已是如何处理不断增长的正使许多农民陷入贫困的粮食过剩问题。1933 年，富兰克林·罗斯福总统的立法——《农业调整法案》(*Agricultural Assistance Act*) 随之而来，它旨在减轻农民在价格下跌和过度生产中所面临的困难。

当农民和农业组织代表美国农村游说时，主流公众始终反响平平。一些人认为，缺乏共鸣的部分原因是政策制定者从未通过立法来调节机械化速度。此外，缺乏公众情绪的反馈，他们很难制定出连贯一致的政策以平衡农民的需求和资本主义的现实。全面对抗机械化的政策从未在联邦政府的层面出现过。

联邦政府，特别是美国农业部 (US Department of Agriculture, 以下简称 USDA) 的作用，仍然是争议中最令人困惑的一个方面。农业部与赠地制度创设于同一年，因而它的大部分传统都源自联邦政府促进技术创新的决心。但其工作人员表达出的观点与社会一样多样化。为保持公正，美国农业部一般避免就某个问题偏袒某方，一定程度上这是因为辩论双方都对它进行了游说以获得支持。在许多场合中，美国农业部官员的言论都在大众传播中被扭曲或歪曲，以便支持某方利益的观点。

随着时间推移，USDA 试图避免作出任何可能被故意错误报道的声明。早些时候，农业部秘书亨利·华莱士（Henry Wallace）在给韦恩·丁斯莫尔（Wayne Dinsmore）的一封密信中说："如果我在这里待得更久一些的话，我会怀疑每个人和每件事。我开始明白，为什么政府里这么多人似乎都不敢开口讲话了。"华莱士决定，在拖拉机和马匹的争论中不选择任何一方。他说："马匹和机械动力在农场有各自的地位，都能找到它们的用武之地，但无论任何一方说什么，或做什么，他们总是会非常热情，有时甚至是太过热情。"

华莱士避免干预争论的做法为美国农业部赢得了客观独立的地位。政府机构只发起各类研究及通告争论结果，而不选择支持任何一方，尽管它声称有其明确使命。

华莱士在给时任农业经济局局长 H. C. 泰勒（H.C.Taylor）的信中，深刻地指出监测争论走势以及提供状况报告的必要性，"20 年前，农场的动力由马匹和风车提供。马匹是用从农场地里长出来的东西喂养的，不需要花钱。风力是免费的。我们要做的是在空中挂一个轮子，然后等着收获动力就可以了。但现在很大一部分动力由发动机提供。我们得付汽油费和修理费。以前马吃的谷物现在也卖掉了。我们有没有方法衡量这种变化的影响呢？"

多少匹马将使其成为"大麻烦"的一部分，并与最新的相对容易确定的拖拉机竞争，这样的简单计算比较并不能作为华莱士为变化而寻求的证据。只有通过全系统的审查农业产业长期的技术

和经济转型的影响，他的问题才能得以解决。

华莱士从未找到想要的答案，但拖拉机对畜力的胜利，很可能使运用反事实分析法的研究为技术的影响提供有说服力的案例。事后看来，拖拉机的广泛采用是时代变迁和熊彼特式创新摧枯拉朽的表现。虽然其影响改变了现有的社会经济秩序，但它也带来了丰厚的经济效益。

今天，关于农业机械化的讨论仍在继续，且不局限于某个区域。世界各国都面临着平衡机械化的经济效益与消极的社会后果的窘境。在不断扩大的世界经济中，各国都在寻求保持本国的竞争力。很多时候，这取决于创新和人们对变革的接受度。

根据美国农业部经济研究局（Economic Research Service of the Department of Agriculture）的统计数据，1900 年，41％的美国劳动力从事农业劳动。到 1945 年，这一比例下降到了 16％，农业占国内生产总值的 6.8％。2000 年，只有 1.9％的美国劳动力在农业部门工作，2002 年，农业只占国内生产总值的 0.7％。

这些统计数字说明了农业产业的变化，包括工人的数量及其在美国经济中的地位。随着技术的兴起，工人将被逐步取代。机械化使成千上万的农民失业，并永久性地改变了美国农村。与此同时，它增强了美国的全球竞争力。它的好处是否有助于减缓地方影响仍不得而知。正是这种在更广泛的利益分配中的不确定性导致了公众对新技术的担忧。

# 一场不对称的竞争

对农业机械化的争论一直是新技术旷日持久的较量之一。农业机械化争论成为全球性问题。它为当代技术争议提供了多种多样的经验教训。虽然经济因素在争论中发挥了重要作用，但争论的根源却在更深层次。这场争论在当今世界的许多其他地方都有响应，主要是关于普遍性的地域和文化方面的变革。农业生产涉及广泛的塑造了社会认同的生活技能。农业不仅是一种经济活动，而且是一种生活方式。这增加了对寻求变革农业系统的新技术的争论激烈程度。

**第一个经验教训是，农业生产技术的变革不仅具有经济意义，而且还以改变生产食物的方式改变人们的身份。**

与粮食生产和消费相关的社会惯例是最保守的文化习俗之一。关于农业机械化的争论仍然是 20 世纪社会运动的一个主要特征。大规模技术变革的辩论不仅涉及经济效益和风险分配的变换，而且还涉及文化身份的丧失。政策制定者寻求解决这些争议时必须超越常规经济分析的范围。

**第二个经验教训与技术进步对争论的巨大影响相关。**

虽然早期的拖拉机很笨重，但它们有较大的技术改进空间。起初，马匹的支持者无法想象拖拉机能带来任何挑战，也无法想象新兴技术的迅速改善是决策者现实决策的一个重要障碍。大众的普遍假设是，技术创新既缓慢又风险大，其影响也不确定。这

往往容易导致人们支持现有技术。

政策制定者通常对新兴技术持怀疑态度。他们有充分的理由怀疑，因为大多数新技术不会超越试样阶段，还有一些则在发展的早期阶段就夭亡了。当技术争议一次次出现，政策制定者变得茫然不知所措。很大一部分原因是他们没有预见到新技术快速出现或指数级进步的影响。拖拉机的这种改进所引发的一个后果是：反对者不再彻底抵制拖拉机，而是为马匹寻找利基市场。最后，拖拉机的多功能性和机构与教育支持系统的广泛出现促使拖拉机在更广泛的领域被采用。

**第三个经验教训与政府职能有关。**

美国农业部是在争论时期才出现的一个机构，他们花了很长一段时间才做到不偏袒任何一方。然而在监测技术进步和提供性能数据方面，美国农业部发挥了重要作用。虽然它不断承受着双方的压力，但不偏袒行为还是使其成为中间人。直到拖拉机成为主要动力来源，政府才在公开的声明中表态。鉴于争论的政治性质和农业界对地方、州和联邦政治的影响，这是必需之举。

政府履行的许多其他职能有助于牢固确立农业机械化的地位，如对农业现代化的承诺。这在某种程度上是通过广泛的教育计划实现的。但赠地大学影响最深刻的可能还是对农民和农业企业家队伍的培育，正是他们，农业机械化进程才得以推进。有人认为，赠地大学就是农业机械化的承办商。在探索新技术的机会方面，它们是政府、工业界、学术界和农民之间互动的重要场所。

但在许多情况下，一些大学也成为质疑新农耕方法影响的争议之地。两个农业系统之间的紧张关系确实会进入到教室，就像它们渗透到公共空间那样。

**第四个经验教训涉及两个技术平台对经济的更广泛影响。**

马匹与其供应链有关，但其供应链没有拖拉机的那么广泛，后者包括零配件、销售代表、技术维修以及与燃料有关的项目。起初，这个网络可能是农民的负担，因为他们原本满足于马匹。但与拖拉机相关的广泛供应链为新技术提供了大型的支持网络。正是这种商业逻辑导致了汽车和其他复杂技术系统的胜利。

人们对农业机械化的早期担忧不仅为挑战新技术提供了重要工具，而且从早期的斗争中也可以追溯到许多主要的参与者。主题可能已经发生改变，但策略依然如故。世界各地的农民组织继续博取着全球的同情，并在聚集对新农业技术的担忧中发挥关键作用。他们还有效地将他们的担忧与生态因素相联系，从而扩大他们的影响力。

农业机械化的历史在工业发展的各个时期已经以不同的形式表现出来了。其主要特点和以上概述的经验教训将继续作为讨论未来许多技术系统的一部分。马匹可能已经让位给拖拉机，但其他领域的技术演替将继续重现同样的争论，因为社会总在努力寻找保持创新和现有技术之间稳定性的新措施。

# CHAPTER 4

## 第4章

带电的争论：直流电与交流电

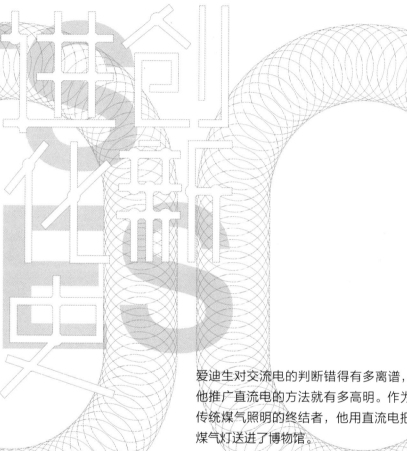

爱迪生对交流电的判断错得有多离谱，他推广直流电的方法就有多高明。作为传统煤气照明的终结者，他用直流电把煤气灯送进了博物馆。

他没有预料到的是，被他亲自舍弃的交流电竟然成了直流电系统的掘墓人，正在以迅雷不及掩耳之势取代直流电，迫使他都不得不借助污蔑的拙劣手段，残延一时，好让自己回收一些投资。

> 胡搞交流电简直是在浪费时间。人们永远不会使
> 用它。
>
> ——**托马斯·爱迪生**（Thomas Edison）

　　技术共存的理念至少有两个维度。第 3 章展示了马匹和拖拉机这两种截然不同的技术体系之间的较量，也充分说明了新技术展露出的力量如何迫使旧产业支持者挣扎反抗，以延缓被新技术取而代之的命运。

　　本章将阐述技术共存的第二个维度，即直流电支持者托马斯·爱迪生与其死对头交流电的拥护者乔治·威斯汀豪斯（George Westinghouse）之间的紧张关系。这是一个关于谁将控制美国乃至世界电气化进程的案例，并且在直流电和交流电的工程论证之争中展开。在这个案例中，为了及时将投资从可能被新技术取代的电力市场中解救出来，爱迪生想尽办法拖延交流电被广泛采用的脚步。他的策略是将自己的投资转移到其他领域，而非绞尽脑汁地阻止交流电技术的传播。

　　托马斯·爱迪生将西方带入了电气化时代。他改进的白炽灯泡通过直流电可连续照明数小时。这是20世纪最伟大的发明之一。它非常新颖。在由爱迪生主办的街头灯光晚会上，人们甚至搭火车前来一饱眼福。

虽然他最初制造的灯泡是现代化与创新的重要象征，但白炽灯泡最终走向了衰亡。白炽灯泡在全球范围内遭到淘汰及替代它的新照明系统，如发光二极管（LED）的兴起标志着另一次技术更迭。但白炽灯泡仍旧是全球范围内人类创造力、工程能力和发明领域的重要里程碑。

本章探讨爱迪生和他的支持者用以推迟交流电被广泛采用所使用的策略。更具体地说，本章将分析爱迪生及其支持者如何散布流言，引发公众对交流电的反感，以此保护他们在直流电相关技术方面的投资和专利。通过探讨直流电和交流电之争，我们能更深入地了解流言如何被用来压制新发明，以及相关部门的反应。


## 爱迪生照亮了珍珠街


企业家精神通常与技术不连续性相关，这种不连续性由新奇性和新经济特性来驱动。特别是在受到新企业家支持时，这种不连续性将对现存行业构成巨大威胁。爱迪生是科技领域的先驱。他利用已有的可追溯到19世纪30年代的直流电技术，发明了灯泡及其配套的照明系统，照亮了整个城市。

爱迪生并不是最早发明灯泡的人，但他的灯泡在当时是最好

的。第一套商业照明系统早在 1860 年就被发明出来了，而第一台发电机则可以追溯到 19 世纪 30 年代。爱迪生卓越的才华表现在他能利用现有技术，开发出比已有的直流电系统的产品更好的东西。然而，他的创意同样难逃被更好的技术超越的命运。

乔治·威斯汀豪斯是一名工程师，也是一名创立多家公司的企业家。他曾带头将交流电技术应用到电气化的过程，这一举动使他与爱迪生成了死对头。19 世纪末，面对威斯汀豪斯更加高端的商业化交流电技术，爱迪生在寻求减缓竞争方面迸发出了卓越的才能，就为了使自己能够剥离相关业务。

爱迪生的直流电和威斯汀豪斯的交流电争执不下的僵局，发生在真正的资本主义大环境下。在这一背景下，竞争是"通过与他人之间的表面关系，在博弈者之间产生一种强烈、亲密、短暂且隐形的关系"。这一说法在很多方面都很好地反映了爱迪生和威斯汀豪斯之间的关系。他们之间关系的主旋律充斥着激烈的对抗，并且在某些时候，个人仇恨的比重更大。这场直流电与交流电大战就在爱迪生与威斯汀豪斯及其电力公司之间展开，并时常被他们搬到公共舞台。争论的高潮发生在 1888—1895 年，包括一系列公开诽谤、人身攻击和耸人听闻的宣传。

照明的历史展示了技术的变迁，从石油、天然气到电力。这些技术的更迭总是伴随着更具竞争力的经济利益，以及公众对发明新颖性的关注。每个阶段都有独特的技术和制度。"在早年的纽约布鲁克林，居民在天黑之后上街都要带着灯笼。"

1697 年，街头照明成为纽约的公民义务，具体做法是，"在没有月亮的夜晚，每隔 7 幢房屋就要在窗外的杆子上悬挂一只灯笼。里面要点一支蜡烛，费用由这 7 个住户共同承担"。

公共出资的油灯于 1762 年被引入纽约，直至 1823 年，煤气灯代替了它。这一转变与一些新公司的出现有关，它们拥有负责特定地区照明的专有权。1823 年，纽约煤气照明公司（New York Gas Light Company）成立，初始资本为 10 万美元，拥有在格兰街以南地区铺设煤气管道的 30 年独家特权。

1830 年，曼哈顿煤气照明公司（Manhattan Gas Light Company）成立，初始资本为 50 万美元，经营格兰街以北地区的照明。与煤气相关的企业数量随着需求的增长而快速增长。后来经过整合，数量出现了下降。这些企业降低了燃气和照明的价格。

然而煤气照明在家用领域的最初推广却是十分缓慢的，"许多房主和房东表示抗议……因为害怕发生爆炸，他们宁愿选择使用油灯和蜡烛"。随着时间推移，煤气逐渐成为中央照明的主要来源。煤气照明的崛起到跃居主导地位，与其自身的紧张关系密切相关，这为爱迪生提供了重要的经验教训。

早期的欧洲反对路灯。1819 年，德国的一家报纸在一篇文章里这样写道："上帝已经规定了白天之后应该是夜晚，凡人没有权利把夜晚变成白天。"这篇文章声称，人造光源给人们带来了不必要的税务负担，引起了健康问题，诱惑人们在户外待到很晚并因此感冒，消除了人对黑暗的恐惧，使强盗的胆子变大从而

引发犯罪。此外，灯光还会降低人们的爱国情怀，因为夜晚上演的节目的公共职能被削弱了。路灯反对者还称，人造光源会使马害怕，明显降低它们的战斗力。

美国燃气行业被揭发出在燃气中掺入空气滥竽充数，以及用电泵抽气使煤气表空转，公众对此类行为表现出了不信任的态度。煤气公司使用更大的燃气管道被认为是增加气体损耗的一种小伎俩，煤气公司还被指责在夜间偷偷增压以使煤气表走得更快。他们销售的更大的汽灯也被部分公众认为是居心不良，是为了卖出更多燃气，而不是为了提供更多照明。

另外一些人则认为，煤气公司不过是在账单上作假欺骗消费者。还有一些人认为，燃气流过气表后又回流到管道导致了双重计费。人们还相信，更大的管道意味着更高的气体压力，由此增加了不必要的损耗。人们对煤气照明安全的可靠性还有其他许多合理的担忧，这成为更热门的公共利益话题。然而，最终打败煤油的燃气随后仍要面临新的竞争者——电。

从煤气灯到电灯的转变是一个引发无数争论并备受关注的议题。电能点燃更亮的光源。1878 年，罗伯特·路易斯·史蒂文森（Robert Louis Stevenson）在《为煤气灯呼吁》（*A Plea for Gas Lamps*）的文章中认同了煤气照明的好处。他写道："城市就在那儿，问题在于我们如何照亮它们。"然后他开始控诉巴黎的电气化。他这样写道："城市之星现在彻夜闪耀，可怕、诡异、让人讨厌。纯属噩梦之灯！这样的光线只应该照射在谋杀和公共犯罪现场，或者是精神病院的走廊上，这是一种会加剧恐怖的可怕事物……
而煤气灯则使人第一眼就爱上它，因为它能散发出适合家庭聚餐
的温暖光芒。"

纽约人则以极大的热忱欢迎电灯的到来。在 1878 年 9 月 16
日的《纽约太阳报》（*New York Sun*）上，你可以读到这样的标题，
"爱迪生创造的最新奇迹——他用电带给我们最便宜的光、热以
及能量"。著名发明家托马斯·爱迪生正在踏上另一次创造的旅程：
建立一套有效的电气照明系统。

虽然爱迪生不是灯泡的最初发明人，但他力图创立可持续地将
光从发电机输送到美国千家万户的系统和企业。他的白炽灯遇到了
许多阻碍，尤其是强大的煤气照明行业的存在。但在他能干的助手
团队、投资者的资金支持及其在新泽西州门洛帕克市的实验室的帮
助下，爱迪生计划创造出一套可行的系统以替代煤气照明。

在 19 世纪初的大不列颠，威廉·默多克（William Murdoch）
发明的煤气照明改变了商业的本质和获得知识的方式。用一个研
究煤气照明的历史学家的话说就是，"它驱逐了许多人家中的黑
暗——不仅是黑夜的黑暗，更是无知的黑暗"。企业能通过运转
更长时间提高生产力，人们有更多时间阅读小说和报纸以拓宽知
识面。

作为蜡烛和油灯的替代品，煤气灯的普及从欧洲延伸到美国。
1816 年，第一家煤气照明公司在马里兰州的巴尔的摩建立，至 19
世纪 20 年代，美国的许多城市已经在用煤气灯点亮它们的街道。

燃气业很快从文化、政治等方面立足于社会。纽约是爱迪生测试第一个电气照明系统的地方。

在纽约，燃气业对政治组织坦慕尼协会①尤为重要。坦慕尼协会掌控了纽约市政大部分领域，是煤气照明的既得利益者，它为煤气公司提供政治和经济支持，也会得到税收和其他回扣。坦慕尼协会只是这个大棋盘上的博弈者之一。虽然每个博弈者都在为自己谋利益，但他们在煤气照明的重要性上出奇的一致。煤气照明已经规范化并融入到了社会中。即使是在这样一种大背景下，爱迪生依然继续推广电灯这一新理念。

作为一个见多识广的创新者，爱迪生对创建一套超越现有燃气系统的照明系统信心满满。在遇到了威廉·华莱士（William Wallace）之后，爱迪生开始全身心投入到发明白炽灯方面的工作。在1878年的邂逅中，华莱士向爱迪生展示了他的电驱动灯（Electric Powered Dynamo），这启发了爱迪生制造更好的灯泡。爱迪生认识到华莱士的电驱动灯过于明亮等缺陷之后，他开始着手构想设计一个更好的灯泡。

爱迪生在不到一个星期时间里，就造出了一个能发出清晰、明亮光芒的白炽灯泡。信心大增的他邀请访客到门洛帕克的车间，见证这一发明。他花时间进行法律咨询，并吸引了一群富有的投资者资助他的实验，其中就包括约翰·皮尔庞特·摩根

---

① 坦慕尼协会（Tammany Hall），也称哥伦比亚团（Columbian Order），1789年5月12日建立，最初是美国一个全国性的爱国慈善团体，专门用于维护民主机构，尤其反对联邦党的上流社会理论；后来则成为纽约一地的政治机构，并且成为民主党的政治机器。

（J.P.Morgan）。爱迪生早期的灯泡饱受实用性的困扰，因为他发明的大多数灯泡只能工作很短的时间，只能连续发光一两个小时。

针对这个问题，爱迪生试图用电阻较大的细铜丝制造出高电阻灯泡。他在门洛帕克的团队也意识到，寻找一种坚固耐用，不会在玻璃灯泡内烧起来的灯丝的迫切性。爱迪生确信，如果他能克服这些技术困难，他的电灯将会大获成功。

如前所述，煤气照明早已在社会上深入人心。因此，爱迪生若想实现点亮华尔街所有办公室的目标，就不得不直面纽约的政府机构。燃气业是先来者，爱迪生的配电系统是后到者，他需要城市当局许可他将电线埋在地下。为了打动市政高层，爱迪生和律师们在门洛帕克举办了一个聚会，那些对此漠不关心或生性多疑的人因而都能见证爱迪生那看起来极具威胁的发明。

爱迪生和纽约市府参事们都对聚会的前景欣喜若狂。会议记录显示，官员们打算让爱迪生为每一英里埋入市内地下的电线支付 1 000 美元的税。由于煤气公司从未面临这样离谱的税务，爱迪生最终得以谈下一个相对较低的价格。尽管不能从这一事件得出一言以蔽之的结论，但它也反映了在煤气照明中既得利益的政客们的重视程度。在一间由爱迪生的白炽灯照亮的房间里，纽约市府参事们享用了一顿丰盛的晚宴。聚会结束时，政客们的口风明显缓和了。

除了评估发明所处的政治环境和经济环境之外，爱迪生和他的团队依然进行着研发。他们成功研制出白炽灯泡后，将目光转

向了电力公司、(直流) 发电机和配电方式。到 1881 年 2 月, 爱迪生离开新泽西州的实验室前往纽约, 在那里, 他准备实现他 1878 年许下的诺言: 用电灯点亮华尔街。爱迪生自信满满地宣布道:"我在这儿的工作已顺利完成, 我的照明系统已臻于完美。现在, 我要将它投入到实际的生活中去了。"

1882 年 9 月, 珍珠街的照明布置工作完成, 爱迪生的光从那发出, 约翰·皮尔庞特·摩根的房子里灯火通明。这种早期的灯光并非没有缺陷。存在的问题包括轰鸣的发电机噪声、难以捉摸的触电事故和火灾, 所有这些都引发了一定程度的质疑声。尽管如此, 爱迪生的直流电系统依然是白炽灯实用化迈出的第一步尝试。

在深入构想和打磨他的电灯时, 爱迪生也考虑到了如何向公众介绍他的照明系统。他意识到, 他的新技术将在公众中产生潜在的担忧, 因此, 他在现存技术中寻求符合他设计的相通之处。爱迪生介绍自己的照明系统的新颖之处, 他同时也指出了其与煤气照明系统的相似之处, 以激发社会对自己发明的认同感。

为了进一步消除人们的疑虑, 爱迪生张贴了以下内容的家庭海报:"别再费劲用火柴照明了。只需简单拨动门边墙上的开关即可。"它补充说,"照明用电绝不损害健康, 也不打搅大家的美梦。"最初, 电气照明比煤气更贵, 但它也同样更安全, 散逸到空气中的热量更少, 产生的污染物也更少, 且用起来也更方便。

对于爱迪生的照明系统, 煤气业作出的反应是改进自身技术,包括倒置灯和人工加压。这给煤气投资者带来了一丝喘息的机会。这些革新以及其他的改进促使发明家查尔斯·威廉·西门子（Charles William Siemens）贸然断言："我冒昧地认为，作为穷人的朋友，煤气照明自有其存在的理由，而且过不了多久，富人和穷人都将离不开煤气。因为它是最方便、最清洁、最便宜的燃料。"这个预测之后，燃气的使用果然更加多样化了。

爱迪生的电灯是一个稳健而富有生命力的设计。他的创新是对煤气照明的改进，并且它还为未来的包容和拓展留下了空间。"爱迪生的战略及其成功表明，通过具体的细节设计，创新者同样可以培育人们对他们思想的接纳，将他们的创新融入现有社会系统中，而不是与它割裂开来，从而完成一个成功的设计。"

爱迪生花了很长时间研究煤气生产、配送以及相关的社会经济因素背后的机理。他还全面地分析了成本，比较了电气照明和煤气照明，得出电气照明是更经济的选择的结论。在他与华莱士会面后的几个星期，以及产生制造白炽灯的灵感时，"中央煤气厂及其配送系统的形象，煤气主管道不断分化到更小的支管道，最后通往许多住宅的场面，已经在他的脑海中闪现了。"

虽然爱迪生明显地想取代现有的煤气照明业，但他也意识到，社会各方对他电灯产品的采纳和需求，仅仅是对深植于社会的煤气照明的补充。尽管在爱迪生之前就有许多聪慧的头脑研究电，但只有爱迪生做到了将电灯理念转化成投资者和消费者都欣赏的实用发明。

在 19 世纪 80 年代中后期，使用电灯的企业数量有所增加，但也出现了一些强有力的竞争对手，这将对爱迪生电气系统的功效提出考验。

## 交流电逆袭与反扑

在邻近的匹兹堡市，一位有着敏锐眼光的工程师正密切注视着爱迪生的工作。乔治·威斯汀豪斯决定涉足电力领域。威斯汀豪斯在发明界并不是一个新人，他居住在国家工业中心城市，在铁路行业完成了第一个发明。他很快就明白了专利的重要性以及保护好点子的必要性。他与无情的匹兹堡铁路行业打交道的经历将他塑造成了一个精明的商人和谈判者。

威斯汀豪斯首先为铁路车厢发明了气闸，为铁路管理发明了电信号灯。这些早期的发明加强了火车的安全性。某些学者认为，与爱迪生发明的新颖性相比，威斯汀豪斯的发明更注重实用和经济效益。爱迪生当然也很关心发明的收益前景，也热切地希望创造出大受欢迎的发明，但他也花时间开发了一些新奇的玩意。

威斯汀豪斯与爱迪生在对待专利的态度上也有所不同。如果他相信别人的专利有利于自身工作，威斯汀豪斯就很乐意买下它们。与之相对地，爱迪生很少做这样的交易。爱迪生只想为他自己的发明申请专利。两个人迥异的行事风格，为之后的交流电和直流电大战埋下了种子。

因为在与铁路信号系统相关的工作中和电打过交道，威斯汀豪斯意识到了电的潜力及其普及使用会给社会带来的巨大变化。他进入该市场，并坚信："那些适合为一平方英里大小区域供电的小型直流电站及私人发电站，未来将会有无尽的需求。"这与爱迪生支持的大型中心电站截然不同。

有趣的是，像爱迪生在开发他的白炽灯时模仿煤气业的某些方面那样，威斯汀豪斯仿效了已建立起来的直流电系统。1884 年，他聘请了聪慧的大发明家威廉·斯坦利（William Stanley）。斯坦利已拥有一项直流发电机及一项碳化灯丝灯泡的专利。

1885 年，在阅读英国电气期刊上一篇关于交流电的文章时，威斯汀豪斯获得了自己的"电气灵感"。之后，他立即指派一名员工与交流电系统的发明人会面，以更好地了解其工作原理。路森·戈拉尔（Lucien Gaulard）和约翰·吉布斯（John Gibbs）当时已经从事交流电系统研究许多年，在威斯汀豪斯的要求下，他们将一台机器送到匹兹堡供威斯汀豪斯检验。

在那个年代，美国尚未出现类似于戈拉尔－吉布斯变压器的变压器。威斯汀豪斯拿到他们的机器并看到它如何工作后，他决定买下这项专利，在美国推行交流电系统。他为这项专利支付了 50 000 美元。威斯汀豪斯预见到了交流电系统的巨大市场。

直流电系统的一个巨大而昂贵的问题是无法远距离传输。例如，1882 年，点亮摩根住宅的发电机就安装在他家附近——笨重且发出巨大的噪音。况且，直流电系统只能在爱迪生偏爱的低压

条件下工作，而交流电系统则是在高低电压共同作用下工作（因此被称作"交流"电）。戈拉尔－吉布斯变压器使得通过较高的电压将电输送较远的距离成为可能，这些电在进入家庭或企业之前将被转换为较低的电压。与之相比，直流电只能在小于一英里的范围内进行传输，因此发电厂必须位于人口密集的中心区域，并且需要更多昂贵的铜线来连接消费者和发电厂。

交流电能增加美国的电力供应，还能为普通人提供实现家庭电气化的机会。因为交流电能够以高电压进行远距离输送，所以它供电更灵活，受到更少限制。交流电系统的这一长处对管理和经济收益都十分有益，并且"因为成本低，有希望革新电气照明，使小城镇大体上享有与大城市相同的公共照明"。

交流电的想法让威斯汀豪斯痴迷。威斯汀豪斯和他的工程师团队收到变压器后，就开始在匹兹堡市测试交流电系统。在那里，他们所用到的实验设备是一台交流发电机，外加一些变压器和数百只灯泡。

在接下来的秋天里，威斯汀豪斯和他的团队测试了他们的系统，将灯和变压器移动到不同的位置后，再启动交流发电机。实验成功了，位于西屋电气公司（Westinghouse Electric Company）的发电机将电力传输到了数英里外的灯泡中。发电机"开始被设置成输出一千伏特的电压，随后升至两千伏特"，并且"由这股电流供给的灯泡持续不断地亮了两个星期"。

与此同时，威斯汀豪斯派遣雷金纳德·贝尔菲尔德（Reginald

Belfield）和威廉·斯坦利前往马萨诸塞州的大巴灵顿小镇制造更多台交流变压器。威斯汀豪斯发现，以并列方式布置变压器可以得到较高的电压。他分配给贝尔菲尔德和斯坦利建造并列式变压器的任务，以照亮马萨诸塞州的乡村街道。

令西屋电气公司倍感沮丧的是，爱迪生在斯坦利和贝尔菲尔德展示他们的新交流发电机之前，抢先在大巴灵顿展示了自己的直流电灯。大巴灵顿的人们对爱迪生的灯光印象深刻。一个星期后，1886 年 3 月，斯坦利给他的发电机组和变压器通电后，成功地用交流电点亮了一间商铺的屋内屋外。

在接下来的几个星期里，威斯汀豪斯给小镇主要街道上的许多其他建筑物接通了交流电。匹兹堡电力的传输成功，加上大巴灵顿镇的小规模展示，为威斯汀豪斯商业化生产交流电奠定了基础。他决定在纽约州布法罗市推销他的电气系统。他的第一个客户是伊利湖畔的亚当－梅尔德伦－安德森大型综合购物中心大楼（Adam，Meldrum & Anderson）。

公众对此印象深刻。当时的报道描述了这样一种景象，"穿着华丽的人群在四层楼间上下流动,不断对着灯光发出'噢''啊'的赞叹声，惊叹这光芒与纯粹的太阳光是多么的相似，印度披肩和布料的颜色是多么的清晰。"威斯汀豪斯的第一批商业照明启动于感恩节的前夕，公众的正面反馈激励了匹兹堡的这位发明家进入全面生产阶段。

爱迪生和直流电的支持者越来越担心西屋电气公司的发展和

交流电系统的推广。然而，爱迪生最初并没有感到威斯汀豪斯的威胁，因为他真心相信交流电是危险的，永远不会全面应用。爱迪生写信给他的一个朋友说，"威斯汀豪斯的任何计划都不会让我产生一丁点忧虑。唯一让我困扰的是，威斯汀豪斯是一个能干的人，他能用代理商和推销员淹没整个国家。他无处不在，并会在他了解某一事物之前，先创建一堆公司"。

尽管一些批评者认为爱迪生有好争斗、记仇的一面，但其他人依然坚信，爱迪生对交流电发起挑战，是出于对电力发展的真诚关怀。爱迪生认为，交流电将为电气行业的人带来棘手的问题。交流电不只会给社会带来惊喜，其危险的高电压可能会造成意外事故，这会使得公众舆论以及州和联邦立法机构转而反对电气行业的发展。这些担忧是有道理的。

有趣的是，爱迪生在 19 世纪 80 年代初就接触了交流电，并十分熟悉戈拉尔－吉布斯变压器。他甚至将工作人员派遣到欧洲研究交流电系统，但后来并没被他们的报告打动。爱迪生固执地认为，低电压更适合电气传输。然而，随着交流电的应用越来越多，爱迪生与威斯汀豪斯的个人竞争越发激烈起来。

西屋电气公司在 19 世纪末期经历了前所未有的成长，各州企业对交流电的需求与日俱增。随着交流电不断出现关键性进展，如阀门和仪表问题的解决，直流电生产商们意识到他们面临着一个极难对付的角色。左右社会舆论是直流电倡导者们保护自己利益的主要方式。公众对交流电的态度复杂而混乱，许多人对高电压等潜在的危险感到不安。

围绕着威斯汀豪斯和交流电的负面宣传背后，有爱迪生和其他直流电生产商推波助澜的影子。他们坚定地认为，交流电不应该成功。公众崇拜爱迪生，认为他是一个好心的"行业领导者"。新闻界也喜欢他，因为爱迪生随时随地都能泰然自若地作一番公开声明，并经常用机智和坦率逗乐他们。而威斯汀豪斯则不喜欢出风头，常常被评价为性格比较内向。报纸、杂志和期刊是这一时期的主流媒体。交流电直流电大战的战场主要是信函和文章，以及相关的权威报纸。

争论持续升温，并受到广泛关注。尽管身处幕后，爱迪生依然引导了一场相当成功的运动，以抵制他的夙敌威斯汀豪斯及其交流电系统。随着竞争进入白热化阶段，爱迪生不得不发行一本宣传手册，告诫公众使用交流电的风险。其中大部分的篇幅都在声讨威斯汀豪斯剽窃了他的点子，试图抹黑威斯汀豪斯作为一个发明家的身份。爱迪生和威斯汀豪斯之间的第一场交锋是关于专利的纠纷。

威斯汀豪斯通过指出交流电的优点进行反击。在《北美评论》（*North American Review*）发表的回应中，他这样评论爱迪生的总电厂，"大多数有能力的电气工程师都认为，直流电在许多方面都存在根本性缺陷。

事实上，除非使用交流电，否则难以弥补这些缺陷。似乎爱迪生的直流电注定会完全被更科学的、在所有方面（就建筑

物的使用者或居住者而言）都更加安全的交流电系统所取代"。

威斯汀豪斯也指出，爱迪生团队内部也存在分歧。他写道，底特律分部的经理，在爱迪生照明公司（Edison Illuminating Companies）的年度会议上成功地通过了一项决议，要求母公司批准"一种灵活的方法，用以拓展其电站可供当地照明的有效电力范围，而这种方法也应用了高压增距的原理，因此使得其系统的铜消耗比三相系统所消耗的少"。

直到这时，爱迪生和许多直流电的支持者才开始意识到，交流电传播得如此迅捷。"爱迪生……并未徒劳地寻求阻碍这一强有力的电力供应技术竞争对手的方法，以维持他的直流电系统的垄断，爱迪生……很清楚，一股他从未预见到的强大的新技术系统的洪流，正一泻千里地冲走他眼前的经济利益。"

交流电无可争辩的经济和实用性优势将迫使爱迪生和他的支持者们采用极端手段，寄希望于妖魔化交流电以减缓它的传播，从而给他撤回投资留下回旋的余地。他们的手段发生了相当可怕的转变。


## 抹黑电刑：发明家的卑鄙竞争

市场营销活动表明，公众倾向于指责并且避开一切看起来危险或构成健康风险的技术、场所或产品。污蔑往往与恐惧以及非自愿和超出个人控制的处境的潜在致命性相关。技术污蔑的一个关键原因是消费者因消极意象、描述或词语关联而将产品与不好的东西相联系。在直流电和交流电阵营间的大战中，双方为了自身利益，都利用了社会的恐慌心理。

在 19 世纪的最后几十年间，交流电直流电之战对面临死刑的罪犯来说是不祥之兆。这场大战以及威斯汀豪斯和爱迪生之间的对抗，很快就产生出刑法典中最可怕的刑具之一——电椅。直流电体系的既得利益者打算引起公众对交流电的愤怒和恐惧，四处游说，推行反交流电法规，其理由是"因为电椅，交流电使公众在心中把电和死亡画上了等号"。于是，直流电和交流电之争的故事翻开了最黑暗的篇章。

反交流电运动的领头人是哈罗德·P. 布朗（Harold P.Brown）。布朗是一个默默无闻的电工，首次涉足公共事务是他在著名的《纽约晚报》（New York Evening Post）上发表了他写给编辑的一封信。

在 1888 年 6 月 5 日的信中，他痛斥了交流电生产商，为了个人的经济利益而将公共安全弃之不顾，并称交流电为"该被诅咒的"。他认为，使用交流电的唯一目的是节省铜线成本，"也就是说，公众必须为电力公司多得的一点利润而忍受突然暴毙的危险"。他警告说，使用交流电"就像在弥漫着粉尘的工厂点燃蜡烛一样危险"，并表示"爱迪生公司用于白炽灯的直流电是完全安全的"。

威斯汀豪斯的支持者回应说，针对交流电的攻击旨在伤害技术的支持者，而不是为了保护公众健康。有人提出了反诉，同样电压下的直流电实际上比交流电更危险。一位电工甚至说交流电

可以救命。他声称，当一个人被致命的直流电击倒时，"给其身体通交流电就是非常有效的救命手段"。这位电工的说法拿不出依据，而布朗指出，对人体的损伤是由交流电连续不断的冲击造成的。

根据他信中所写，致命的电流已经造成了数不清的意外伤害和死亡，而若使用直流电，这些事故则可以避免。他呼吁对交流电进行管控，使其电压降至 300 伏以下。这一调控会将交流电系统的优势剥夺殆尽，从而使直流电系统再次主导市场。布朗的信激起了代表电气工程师、商人和科学家的利益集团的强烈抗议。这封信与针对它的反击一起，点燃了交流电和直流电之间前所未有的尖锐冲突。

1888 年 7 月 16 日，反对布朗立场的人们聚集在一起，讨论回应他的最好方法。他们质疑布朗的一切，从能力到品行，并坚称，只要使用适当的绝缘设施和变压器，交流电是非常安全的。为了维护自己的形象和声誉，也为了回应关于他的那些批评之声做准备，布朗进行了一系列交流电和直流电系统的实验。他在爱迪生及其新泽西庞大的实验室的帮助下开展了这些实验。

大约在批评者回应他登在晚报的文章的两个星期后，布朗准备用一场演示实验验证他的说法，揭示交流电的危险。他以一条狗为实验对象，将电极连接到它的脊髓和大脑，再分别接通了300 伏、400 伏、500 伏、700 伏、最后是 1 000 伏直流电。狗的身体开始抽搐，且发出嚎叫声，这使得演示大厅里滋生了一股不安的气氛。尽管这只狗经历这般折磨，但它依然没有死亡。随后，布朗给狗的身体通入了 300 伏交流电，狗在顷刻间死亡。

虽然布朗自认为他的第一次公开实验是成功的，但许多观众已完全被实验的残忍性所困扰。其他人认为，这并没有证明交流电更危险，因为一系列的直流电已经使狗十分衰弱了。为了缓和这些关注点，布朗在接下来的几天仅用交流电开展了几个实验。这些实验被证明是成功的，但当布朗为他的胜利窃喜时，他并没有意识到这将对纽约州的死刑造成多么巨大的影响。

在美国当时的司法系统中，绞刑依然是最常用的死刑方式。在某些情况下，绞刑是公开的，人们可以千里迢迢前来观看这一处决过程。尽管观看公开绞刑有一定成分的娱乐性质，但许多人依然认为这是一种野蛮的刑罚。理论上，绞刑旨在折断犯人的脖子。然而事实上，这种方法是让人窒息而不是折断脖子，这一死亡的过程经常持续好几分钟，这使得一些人认为绞刑是残忍和非正常的惩罚。因而，对新一种更人道、更符合伦理道德的刑罚的探索，悄然在交流电直流电战得正酣的时候展开。纽约州是第一个采用新方法的州。

纽约州参议员丹尼尔·H. 麦克米伦（Daniel H.MacMillan）是死刑的拥护者。他在州议会上提出了一项措施，要求组建一个独立委员会以调查研究其他死刑方法。据一些人说，麦克米伦的这项提议旨在打击那些想废除死刑的人。如果死刑变得更加人性化，那么废除死刑的理由就减少了。纽约州州长大卫·希尔（David Hill）批准了这项措施，麦克米伦为新成立的死刑委员会挑选了

成员。他选择了律师马修·黑尔（Matthew Hale）和人道主义者埃尔布里奇·格里（Elbridge Gerry），还有一位他相处多年的老友，电力推广的支持者 A.P. 索斯维克（A.P.Southwick）博士。索斯维克博士目睹了布朗的动物实验。

除了对酷刑和死刑进行历史分析，死刑委员会还咨询了一些杰出的法学家和医学家，征求他们对于电刑的意见。委员会审议时还专门征求过爱迪生的意见，因为他是许多人公认的电力专家。

最初，爱迪生婉拒了索斯维克要他提供技术性建议的请求，并称不支持死刑。但爱迪生在回应索斯维克再度请求的一封信中说道："我认为，在这方面最好的器械应当是使这一过程尽可能的短，给犯人最少的痛苦。我相信这可以通过电来实现，且实现这一条件的最合适装置是通间歇性电流的器具。"

西屋电气公司的另一个竞争对手是汤姆森－休斯敦电气公司（Thomson-Houston）。该公司的伊莱修·汤姆森（Elihu Thomson）也建议，将交流电作为最人性化的电刑方法。基于他们的建议以及公众调查结果（43％的人赞成电刑，超过了支持保留绞刑的40％），死刑委员会提议，将电刑用为处决死刑犯的新模式。"关于电椅的法案得到通过不是索斯维克或格里委员会努力的结果，而是美国技术史上最重大的竞争之一——爱迪生和威斯汀豪斯对抗产生的意外结果。"

在死刑委员会向纽约州立法机构提交提案后，纽约州法医学会被指定负责设计电刑椅。它聘请布朗与弗雷德里克·彼得森

（Frederick Petersen）博士，让他们一起商定电刑的电气与医学方面的设计。利用爱迪生的实验室和资源，他们对马、牛等更大的动物进行了实验，以确定能快速无痛地了结生命的适当电压。

1888 年 12 月 12 日，他们向法医学会提交了报告。这一报告在微弱的抗议声中通过。他们的报告特别要求使用交流电，因为它被说成是最致命的。

此时，威斯汀豪斯第一次公开回应反交流电运动。威斯汀豪斯在《纽约时报》的一篇文章中声称，布朗的工作不仅缺乏事实根据，而且由经济利益受到威胁的爱迪生电气公司指使。他继续写道，交流电系统的好处是无可争辩的，而劣等的直流电系统的支持者们正在用死刑谋划一场可怕的公共宣传阴谋。

为了回应《纽约时报》的这篇文章，布朗约请威斯汀豪斯赴一场电流的决斗。彼此接通自己支持的电，谁忍受不住痛苦先叫出来就算输。威斯汀豪斯拒绝了这场奇异的约战，并继续宣传交流电的实用性和益处。

与此同时，纽约立法机构通过了电刑法案。1890 年 8 月，它将第一次用于已定罪的凶手威廉·克姆勒（William Kemmler）。他用斧头解决了一场与爱人的争论。在他的上诉被驳回后，监狱发表了一通据称是克姆勒亲自口述的声明："我已经准备好接受电刑。我是有罪的，必须接受惩罚……我很高兴我不会被绞死。我认为被电死比被吊死好多了。它不会使我痛苦。我很高兴是德斯顿（Durston）先生来按下开关。他足够坚定，也足够坚强。如

果是一个软弱的人来做，我可能会害怕……我一生中从未有过和在这里一样的幸福时刻。"

布朗被安排负责电椅的开发工作，他面临的主要挑战之一是得到一台威斯汀豪斯的交流发电机。威斯汀豪斯竭尽全力防止这种情况的发生。眼看时限将至，布朗面临着进退两难的处境，和往常一样，他征求了朋友爱迪生的帮助。他还拜访了威斯汀豪斯的另一个竞争对手伊莱休·汤姆森以寻求协助。在与波士顿的合伙人协商之后，汤姆森搞到了一台威斯汀豪斯的发电机，于是布朗继续研制用来处决克姆勒的机器。

这个阶段，布朗和爱迪生将交流电系统与死刑联系在一起，以达到败坏它名声的计划。然而在克姆勒被监禁几个星期后，他的律师 W. 伯克·科克伦（W.Bourke Cockran）发表了一份人身保护文书，质疑对克姆勒的死刑宣判。尽管人们对威斯汀豪斯是否在背后贿赂了律师的看法不一，但很显然，如果科克伦赢得诉讼，西屋电气公司将直接受益。

科克伦以电刑的残酷和违反宪法为由起诉。他试图证明，那些支持电刑的人缺乏整套的措施保证死刑无痛。他质疑布朗的电气工程师资质，以及用动物进行的实验是否适用于人。案件一开始似乎朝着科克伦期望的方向发展，直到爱迪生出面作证。由于人们的普遍尊敬，爱迪生的证词有足够的分量左右案件结果。

正如《奥尔巴尼日报》（*Albany Journal*）所报道的那样，"最后，一位熟知电力相关知识的权威人士出场了。爱迪生先生即使不是世界第一、也是美国国内对电流及其破坏力话题最有发言权的人"。
虽然爱迪生的证词不是促成维持克姆勒电刑宣判的唯一因素，但
它进一步深化了公众心中交流电和死亡之间的联系。

起诉失败后，威斯汀豪斯采取措施上诉到上级法院，但徒劳
无功。克姆勒于 1890 年 8 月 6 日被处决。对他行刑有各种各样
的描述。当第一股电流流经他的身体后，观众们认为他已经死去
了，死刑委员会的成员之一索斯维克博士惊呼道："这就是我们
十年研究和工作的成就。从此以后，我们生活的文明程度更高了！"

不久，观众们意识到克姆勒依然活着，电流立刻被再次接通。
皮肉和毛发被烧焦的气味弥漫在整个房间，观众们都惊恐地张大
了嘴呆立着无法缓过神来。关于首次电刑的报道占据了全国报纸
的头条，这激起了新一轮的关于电力在公共生活中所扮演的角色
的激烈辩论。

当人们对纽约高架电线的安全产生极大恐慌时，爱迪生对交
流电的抹黑开始生效了。大众媒体大肆宣传爱迪生关于交流电的
危险警告。例如，《论坛报》（*Tribune*）写道："爱迪生……宣布
任何金属物体——门把手、栏杆、煤气罐，生活中最常见和必需
的器具——都可能随时成为死神手上的杀人武器。"

爱迪生不相信把电线埋在地下会降低它们的危险性。他认为，
"把电线埋起来只会将死亡转移至地下管道、房子、商店和办公
室，通过电话线、低压电系统和高压电系统本身的装置带来威胁"。
除了警告的话语，爱迪生还声称自己"没有个人意图，我相信没

有人会指责我杞人忧天"。然而，他的狼子野心昭然若揭："我个人的意愿是完全禁用交流电。它们应该消失，因为它们太危险了。"

为了强化抹黑交流电的战果，爱迪生的律师向《美国问题与纪实》（*American Notes and Queries*）的编辑提议："既然威斯汀豪斯的发电机将要被用于处决犯人，为什么不让他本人从中受益而被大众铭记呢？从今往后，我们就称死刑犯为'威斯汀豪斯式犯人'，或被判处犯有'威斯汀豪斯的罪行'，要么就当名词使用，我们可以说这个人被判处威斯汀豪斯刑。这将是赞颂制造出这种公共设施的杰出者的微妙用词。"

与此同时，1889 年，《世界报》（*The World*）将"电的"（Electro）和"死刑"（Execution）两个词结合起来创造出了"电刑"（Electrocution）一词。

电气刊物试图消除恐慌，但对公众作用收效甚微。人们的态度受到定期发表的报告、触电事故和高架电线的影响而摇摆不定。电线的增多与触电事故的增加相关联。许多绝缘不彻底的案例出现了，推进公共设施建设以改善这种状况的工作也难有进展。纽约市当局多次要求电力和电报公司将其架空的电线转移到管道中，均以失败告终。"由于这种忽视，电气事故的数量急剧增加。1887 年 5 月至 1889 年 9 月期间，纽约市有 17 个居民被电死。"

1889 年 10 月，一名西部联盟电报公司（Western Union）的线路养护工约翰·菲克斯（John E. H. Feeks）在一场发生于纽约的可怕事故中触电身亡时，公众的担忧急剧膨胀。他的"身体扭曲着挂在电线上，冒着青烟和火花，一直持续了 45 分钟，直到他的同事将他解救下来"。街道挤满了围观的人群，还有数百人从窗口目睹了他的身体被降到地面的过程。几天内，纽约的居民纷纷排着队向绑在柱子上的锡箱捐款，总共筹集到了 2 000 美元善款给他怀孕的遗孀。

事件发生后，建筑物的主人们包下了善后工作，他们将挂在房子上的电线悉数剪断。据《世界报》报道，被吓坏了的人们将他们的电话都丢掉了，"仿佛连入他们屋子的细小电线直接将他们与死亡之河相连"。报界发布强硬社论，严厉指责电气公司只关心自身利益而草菅人命。

霍华德·克罗斯比（Howard Crosby）在《纽约论坛报》上写道，电线是"可怕的死亡之源，时刻威胁着我们公民同胞的生命。就是倒退回去用煤气灯也比拿我们宝贵的生命冒险好得多。那些靠电灯发财的公司似乎早已把一切都置之度外，除了他们的钱包"。

法律纠纷和人们的愤慨使这座城市瘫痪了两个月，之后，公共工程部门开始剪除不安全的电线。超过 100 万英尺电线被剪除，"大约四分之一的高架电线被移除。结果，弧光灯公司切断了他们的电流，使 56 英里的街道陷入黑暗之中"。然而煤气照明的回归速度十分缓慢，这造成了其他麻烦，例如夜间治安问题。

《论坛报》抱怨说，"目前，缺乏夜间照明已造成巨大损失、不方便和不满。商人们早已怨声载道，或许是由于当前某些矛盾，或许是由于被迫在恶劣的条件下做生意，但要是不够安全，街道

依然会萧条下去"。这座城市不得不增加警力，巡逻特定地区以应对抢劫犯罪。

对爱迪生的电气公司来说，拆除了高架电线是再好不过了，因为它所有的电线都埋入了地下，尽管它并没有提供街道照明。颇具讽刺意味的是，爱迪生不得不应对暂时恢复的自己曾试图取代的旧技术。但社会舆论依然在呼吁电力的安全使用和对企业活动的严格管制。

例如，《纽约时报》就写道："我们不能只是因为企业的自私和我们公务员的愚昧、低效或腐败就永远忍受煤气灯和煤油灯的劣质照明。纽约市民们害怕新的电气技术，但又离不开它。令他们惊讶的是，他们意识到城市生活已经非常依赖电灯了。"

慢慢地私人企业开始更换有故障的电线，并遵守地下布线的规定。从某种程度上来说，恐慌迫使竞争对手们采用爱迪生的策略，模仿埋燃气管线的做法。不同的是，这一次他们是在法律和公共恐慌的压力下不得已而为之，而爱迪生则是出于自身的考量。在纽约，电线恐慌也发挥了显著的政治作用，同时要求市政对企业活动加强监控。

## 爱迪生设法挽回投资损失

电力的发展引领了新一轮科技创新风潮，雄心壮志的发明家、商人和公司竞相争夺优势。托马斯·爱迪生和乔治·威斯汀豪斯之间的竞争映射出了这种时代精神，并且也引出了我们关于个人与体制面对变革的态度的讨论。

有趣的是，尽管爱迪生、威斯汀豪斯和许多其他电的捍卫者不知疲倦地工作，但直到 20 世纪，电力行业才完全取代了煤气行业。正如一位学者记述，"事实上，煤油灯直到第一次世界大战后依然是大多数美国人的主要照明器具"。虽然许多经济史学家专注于 19 世纪末期电力的出现和发展，但煤气业同样在发展。有人认为，电力最终支配市场的结果并不是必然的，因为如果投资者和技术专家都普遍倾向于煤气照明，那么结局很可能就是另外一番景象了。

然而，电力的引入是美国历史上一个重要的里程碑。交流电和直流电之战对探讨因科技发展而产生的社会紧张关系有很大的启示作用，因为它得以让我们洞悉那些支持或反对变革的人的行为及其背后的动机。爱迪生十分敏锐地察觉到，社会认同他的白炽灯的重要性。为了使社会接受白炽灯，他刻意将白炽灯设计得与煤气灯相仿。尽管他的最终目标是取代传统的煤气照明业，但爱迪生的方法却十分务实。他在设法突出其照明系统的优点的同时，强调了与煤气灯的相似性。

作为一位具有伟大企业家精神的发明家，爱迪生意识到，为了最大化利润，需要鼓动公众接受白炽灯照明系统。他要在战略上与煤气照明业的某些方面保持一致。拥抱发明和技术进步的同时，他觉得自己也受到那些想取代自己发明的人深深的威胁。正

如电流和电刑争论中所显示的，爱迪生在其个人声誉和经济命运受影响时也会阻止技术的发展。他的本意并不是阻止交流电技术的传播，他很清楚，交流电优于直流电，交流电的崛起只是时间问题。他的策略是拖延时间，以便从电力业撤回投资，并寻求其他商业机会。

## 被点燃的公众怒火

大部分创新的矛盾都与同一供能体制内的技术竞争有关。技术竞争将一个创新的领军人物变成了一个狡猾的、采用极端手段减缓竞争对手扩张速度的阴谋家。爱迪生攻击新技术的主要目的是拖延时间，以便他能及时退出市场。他达成了这个目标，并转而营销其他技术，"包括制作电影和唱片、加工铁矿石和水泥，以及开发电动汽车的碱性蓄电池"。他的投资人掌控了一部分生意，于 1892 年将其与汤姆森－休斯敦交流电公司合并，创建了通用电气公司（General Electric Company）。

爱迪生早期的工作展现出了其将创新与现有制度相统合的精通与熟稔。但当面临技术竞争时，他却采取了极端措施，通过将新技术与惩处死刑犯相联系以此抹黑新技术。对电气事故的公众恐慌不仅在塑造交流电的危险形象中起到了关键性作用，也给了爱迪生更多污蔑交流电的理由。这场竞争提供了几个可应用于当代技术竞争辩论的经验教训。

**第一个经验教训源于爱迪生对技术和制度是如何共同演进、构建新机制的深入理解。**

他在寻求如何将直流电系统打入由煤气照明统治的市场时，领悟了这个道理。他将自己的新系统设计得和他的竞争对手煤气业看起来很相似。这么一来，尽管他的系统站在煤气照明的对立面，却可以吸引煤气业的资本投入到他的系统中。通过采用这种方法，爱迪生能够采取一种策略，设法争取到那些可能因他的创新而失业的人。这种方法与当代技术更迭中，更专注于取代而不是包容对手形成了鲜明的对照。

"破坏性创新"这一术语已失去了由克里斯坦森构想出的原始技术含义，现在通常指的是对现有产业的破坏。这可能给创新者带来一定程度的自豪感，但也能加剧社会紧张关系。

爱迪生的仿效法有助于减缓他的发明和现有产业之间的紧张关系。爱迪生这样描述他的目标："为了让电照明代替煤气照明，就要精确模仿煤气业做到的一切。"他试图使他的技术适应当前的产业文化，并因此减少了遭到激烈对抗的可能性。但这套系统要符合当时人们的习惯，那么它就必须包括单独关闭某个灯泡而不影响系统其余部分的功能。

就像熄灭煤气灯一样，而爱迪生的发明受到了现实世界的技术参数的限制。事实上，"如果想要电气工程师的设备在现实世界中工作，他们就必须接受电阻、电压、电流和功率的概念，并符合欧姆定律和焦耳定律的要求，这些是电气世界的绝对规则。"

爱迪生的入市策略及其极力争取现有行业人员认同的努力，都展现出了他对社会力量决定新技术的演变和采纳这一事实的深刻认知。

他的方法的关键之处是将新技术融入现有文化背景的重要性。一项新技术越有利于现有体系的发展，就越有可能被接纳。技术模仿不仅是混淆消费者的障眼法，更是一项从人们的亲切感中获益的必要策略。它有时可能涉及加强传统感知的连续性的品牌化努力。 爱迪生因此选择与现有行业体系合作，而不是想办法取代它。正是对这种技术继承的政治动态政策的深刻认识，成就了他与威斯汀豪斯之战中的那股可怕的力量。

**第二个重要的经验教训在于爱迪生用于攻击交流电的极端手段。**

爱迪生的策略中最重要的方面是，争取时间以便他从电力供应市场中抽身。他最初通过专利纠纷抑制威斯汀豪斯的扩张。他设法诋毁威斯汀豪斯和他的商业模式。他指责威斯汀豪斯对他正在开发的行业技术缺乏充分的认识。这种战术在当代技术争端中并不罕见。

事实上，公司有时要求合伙人签署非贬损协议。当这些方法不起作用时，爱迪生就利用公众对用电安全的广泛担忧借题发挥，用最恶毒的手段抹黑交流电。他的团队撺掇死刑执行者使用交流电，并称之为"威斯汀豪斯刑"，让这项技术臭名远扬。爱迪生掌握了这个领域的政治地位，并且知道如何上演给公众灌输对交流电的恐惧观念的好戏。没有多少技术争端会走向这样的极端。

　　**这些技术争端给予我们的第三个经验教训是技术占优势的那一方一般会获得最终的胜利。**

　　在这个案例中，交流电在许多方面都优于直流电。 在早期阶段，这两种系统被应用于不同的地区，因此它们可以在不同的利基市场和平发展。爱迪生知道，他的直流电系统最终竞争不过交流电系统，所以他宁愿分阶段退出。政策制定者应学到的必要经验教训是，探索如何才能选对能提供更多通用性的技术。这可以通过消费者偏好来实现。然而，技术锁定现象很容易将优越的技术排挤在市场之外。

　　**第四个政策性经验教训与新标准在新技术开拓市场时扮演着怎样的角色有关。**

　　两种电力系统在竞争本质上是两种相互竞争的技术标准之间的冲突，这两种技术标准被广泛定义为对电力系统的要求或规范。这样的冲突可以由那些规范制定机构调和，即那些建立与电力系统适当功能相关的技术或工程标准、方法、流程以及做法的机构。这里所说的标准不仅仅是指工程系统的技术标准，更要体现为参与这套系统的各方更深层次的社会经济利益。

　　标准通常是各行业在市场中占据主导地位并决定其发展方向的基础。 政策制定者在制定标准的过程中发挥着重要的作用，以便在技术可行性、商业利益和消费者保护之间达成平衡，并作更广泛的道德考量。

　　**从这场争论中取得的最后一个政策性经验教训是，技术创新**

**和政策管理之间的相互作用。**

技术优势在决定争论结果方面发挥着关键作用。在这个案例中，供电方和政治代表之间的政治联系使得安全规章难以落实。电力供应商占据着太多主动权以至于难以被管理，因此法规根本无法被执行。

这场争议的结果之一是加大了对垄断在安全问题中扮演怎样角色的审查力度。它激发了包括更多公民参与性在内的市政干预企业活动的新思路。考虑到风险和利益的分配不公，这种改革在所难免。触电事故提高了人们对创新的风险评估。而少部分公司独吞大部分利益而将风险转嫁他人的行为更使得局势复杂难解。从这个角度来说，技术创新促进了政治领域的补充性调整。

今天，在世界能源市场上依然可以听到争论的回声，世界能源市场正面临重大的生态挑战。可再生能源的开发和能源保护的推进，已经引发了在某些方面如同当年围绕电气化展开的战争似的争论，如引入智能电网系统以促进节能的尝试。这些紧张关系主要围绕着隐私、安全、定价和能源获取等问题。这些争议主要关于非电离电磁辐射对健康的影响，以及更早就受到关注的手机信号塔。

例如，游说团体组织"关闭智能电表"称，由于安装了智能电表，"账单正在飙升，关于损害健康以及违反安全条例的事件报道屡见不鲜，并且我们的家庭隐私也正遭到窥窃"。它警告说，"儿童、孕妇、老人以及有免疫缺陷、药品过敏以及植有心脏起搏器等移植产品的人尤为危险"。

据这个组织所说，其所造成的威胁也延伸到了动物和植物上。报纸曾报道过智能电表对健康的影响，包括造成头痛、睡眠中断、头晕、兴奋、疲劳、皮疹、耳鸣、腿部抽筋和健忘症。但这些担忧的背后是与公众掌控公共事物的内涵相关的更大问题。

直流电和交流电之争似乎已经得到解决。然而，新的供能系统，如太阳能光伏和更高效的器械正在为直流电创造越来越广阔的市场空间。直流电虽然不太可能成为足以威胁交流电的对手，但新兴趋势对多种类供能系统展现出越发浓厚的兴趣。分布式直流供电系统的吸引力将继续被世界各地既定的交流供能系统减弱。

# CHAPTER 5

## 第5章

凛冬将至：几遭冷遇的机械制冷

WHY PEOPLE RESIST NEW TECHNOLOGIES

如何把冰块卖给酷热天气里的印度人？技术成了做成这笔大生意的关键点。在没有机械制冷的年代里，上流人士把天然冰块当成奢侈品，用来贮存新鲜食物。

昂贵的机械制冷设备如何战胜免费的天然冰行业？一向掣肘新技术的监管人士为何支持前者？机械制冷技术的普及过程可以被看成是创新与监管的双簧故事。

试验得快，失败得快，调整得快。

——**托马斯·爱迪生**（Thomas Edison）

　　若没有机械制冷，世界上许多地方的现代城市生活都是不可想象的。事实上，城市的许多日常运转都与冷冻产品息息相关。在开发出机械制冷设备之前，人们主要用天然冰给食品和饮料降温。而后，机械制冷严重影响了天然冰行业，引发了人们对食品安全性和机械制冷机本身的长期争论。这些担忧盖过了潜在的社会经济关系，成为被审视的对象。

　　一个世纪前，一系列火灾席卷了纽约市的冷藏仓库。作为回应，纽约火灾保险委员会（New York Board of Fire Underwriters）敦促城市消防局（Bureau of Fire Prevention）为冷藏仓库和制冰厂制定了新的安全规定。在美国制冷工程师学会（American Society of Refrigerating Engineers）于纽约成立近十年后，这些事件才被公之于众。制冷工业演进过程中的技术进步、安全意识以及社会三者间关系的转折点就是新法规的采用。

上一章表明，产业和政府间的关系会在多大程度上阻碍新兴技术安全性的提高。而本章主要探讨人们如何以专家建议促进技术改进，使机械制冷力排天然制冰业的异议，此外，还强调了建立新制度对推进新兴技术的重要性。这种共同演进的方法有助于提供必要的技术基础和公共平台，从而利用专家的知识应对新的挑战。新技术的发展同时也为社会提供了风险管理所需的专业知识。这一点尤为重要，因为新技术的风险主要由寻求维护现有产品的人的利益定义。

## 把冰卖到印度去

制冷的历史说明了与生产方法改变相关的争议，而非熊彼特创新分类中设想的产品本身。天然冰曾是一种奢侈品。1830 年之前，美国上层人士用它冷冻饮料，制作冷冻的美味。过去，食物主要采用腌渍、香料调味、浸酸、烟熏和太阳晒干等方法保存。虽然美国人知道寒冷的条件可以防止食物腐烂，延长食物寿命，渔民也注意到捕获物在冬天能存放更长时间，但直到 19 世纪，普通百姓才将制冷请到了日常生活的厨房中。

1830 年之前，冷藏的使用受到条件限制。农民利用夜间较凉爽的温度运送产品，渔民偶尔在国内运送加冰块的鱼。渔民和农

民极少在当天的货物上加冰，因为屠夫会在清晨进行买卖，没有必要加冰保存，而鱼在出售之前需要一直保持鲜活。

到了 1830 年左右，酒馆、旅舍和餐馆开始有限地使用冰室和冰箱保存食物。托马斯·莫尔（Thomas Moore）发明了一个椭圆形的香柏木桶，桶里用兔子的毛皮和一个金属焊接容器作隔离，桶与容器间环绕着冰。在当时，填充莫尔的冰箱和更大的冰室所需要的冰通常都极其昂贵。

冰业贸易在 19 世纪是个有利可图的行业，许多从业人员都变得非常富有。弗雷德里克·托德（Frederic Tudor）是首批进入冰贸易行业的人之一，他曾写信给参议员哈里森·格雷·奥蒂斯（Harrison Gray Otis）说，夏天热得连水都是温的，因而冰是一种重要的奢侈品。托德渴望实现成为"绝对"富人的童年梦想。他认为，从事冰业贸易是通往富有的途径之一。

成就托德梦想的机会不期而至。另一位波士顿商人塞缪尔·奥斯汀（Samuel Austin）找到托德，将自己的计划和盘托出。来自印度的船舶在波士顿卸货后必须装载压舱物返航，奥斯汀的想法就是将这些船装满冰，然后将冰卖给在孟买、马德拉斯和加尔各答的英国人。

1833 年 9 月 13 日，托德将采集到的 100 吨天然冰装载上托斯卡纳号，运往英国东印度公司总部所在地加尔各答。这是美国首次将冰运往海外。该船在 5 月份起航，因为航行途中冰融化得很快，抵达加尔各答时，总共损失了 55 吨冰。冰的到来激起了当地居民的好奇心。他们提出各种各样的问题，比如冰长在什么样的树上？如何耕种？它是在美国原产，还是从其他地方转运过去的？此次航运促使英国成立了东印度冰业公司。尽管冰在印度很罕见，但《力学》杂志（*Mechanics Magazine*）在 1836 年的一篇文章称，"我们相信，冰的销售或许没有预期的那么快"。

当时，在印度唯一能与托德的冰相抗衡的是一种叫作"胡格利"（Hughli）的冰，它是从胡格利河采集的夹有泥浆的碎冰。托德冰的出现使胡格利冰的价格降了一半，因为托德把冰整齐地切割成 2 英尺乘 3 英尺的冰块出售。这与来自河流的脏冰形成了鲜明对比。

"我先不谈论甘露或极乐世界了，"一位加尔各答的历史学家解释说，"先来谈谈这里的一种奢侈品。它就是……一块重达 2 蒙特①的纯净冰块。"最后，英国皇家海军都开始用冰来冷却炮塔了。

在 19 世纪前半叶，采集方法还处于起步阶段时，冰价仍然过高。农民用斧头和锯取出的不规则冰块在用于储存食物时很容易融化，制冷效果甚微。因为害怕突然的解冻毁坏整个冰块，人们往往迅速而不定时地采集冰。他们往往都是非生产季节的劳动力。

随着冰业贸易在美国南部和一些外国港口的扩大，更先进的采集方法出现了。1850 年左右，为了采集大小均匀的冰块，纳撒

---

① 蒙特（maund），又译作莫恩德，是尼泊尔、印度、巴基斯坦及某些中东国家使用的一种重量单位，1 蒙特约等于 37 千克，82 磅。

尼尔·J. 韦斯（Nathaniel J. Wyeth）开发了一种马拉的冰切割机。人们用蒸汽驱动的传送链将冰块送到冰库，并用木屑层防止冰块冻结在一起。这些方法使人们能在一小时内采集 600 吨冰块。

冰可以使周围的温度降到约 35 华氏度（2 摄氏度），与盐混合时，温度还可以降得更低。冰与盐混合后会吸收一定的热量而融化，从而降低周围温度。这一发现被应用于天然冰冷却过程，包括冰箱、冷库和铁路冷藏车。空气应当保持适当流通的观念在行业的发展中也起到了举足轻重的作用。

天然冰冷却保存法的改进，促进了食品加工和食品运输的发展。然而，随着无盐肉、新鲜农产品等多样化饮食需求的增长，人们显然需要更有效的制冷技术。天然冰体积庞大，又非常容易融化。尽管韦斯改进了冰的采集和运输方式，但往往因为费用太昂贵而无法运到南方。在北方遇到暖冬，冰的采集量减少时，这一问题变得更加严重。即使是北方隆冬之际，天然冰也同时对几个行业提出了挑战。

冰块体积庞大，会在空气中产生大量的水分，这就使冰块无法完美地满足许多行业的制冷需求。啤酒厂需要在储存的啤酒上放置大量的冰，所以还需要搭建放冰块的架子，既笨重不说，费用还很昂贵。此外，天然冰使空气特别潮湿，容易在发酵过程中引起大量有毒真菌的繁殖生长，从而影响啤酒质量。

在肉类行业，他们支付高昂的费用以确保有足够的天然冰满足自身的巨大需求。天然冰常常占用肉类加工厂一半的空间。与酿造行业类似，冰块使肉制品周围的空气过于潮湿。乳制品行业也遭遇了同样的问题。此外，乳制品生产对清洁度的要求非常高，但天然冰中通常夹杂着污垢和草木。

机械制冷的引入将解决以上诸多问题。

## 如火如荼的"冷"战

在 1850 年以后，对更可靠、更廉价的制冷需求促使科学家不断改进制冷方法。为了更好地在海运过程中保存肉类，英国率先提高了冷藏能力。城市人口不断增长，英国需要运输和储存大量易腐食品以满足城市新居民的需求。对冷藏的另一大需求来自酿造业，它主要位于美国南方，但冰需要从北方运送过去，而当时的交通系统难以胜任。

1755 年，人类向机械制冷迈出了重要的第一步。威廉·卡伦（William Cullen）是一位苏格兰医生、化学家、农业学家，也是爱丁堡医学院的一位杰出教授。他发明了一种人工降温制冰的方法。他发现，用气泵降低密闭容器中的压力后，储存在容器中的水在低温下要么剧烈蒸发，要么稳定沸腾。将水从液态转变为气态所需的热量来自水本身，当大部分热量被消耗后，剩余的水凝结成冰。

更多的科学家加入了寻找制冷方法的队伍，他们很快就找到了两种可以用来制冰的化学品。科学家们发现，在纯净水中加入

创新进化史

第二种物质，特别是对水蒸气具有高亲和力的物质，如硫酸，会加速冻结过程。用印度的橡胶进行的其他实验，测试出挥发性液体可以持久地蒸发和冷凝。研究人员最终发现，氨和二氧化碳都可以液化凝结。氨水压缩机在美国被广泛用于制冷，而欧洲则优先选择了二氧化碳。

随着化学制冷的不断进步，机械冷藏仓库应运而生。庞大的城市地区有数以千计的人们，他们全都远离了农业中心。这推动了制冷技术的需求。为了在大空间中实现冷藏，可将冷冻盐水输送到仓库的管道中。还有其他办法，比如将氨这样的制冷剂放在管道中蒸发以实现制冷。

商用和家用制冷的普及整合之路崎岖不平。19世纪初，在冰的有效采集方法演进之前，用天然冰进行大量的冷冻冷藏极度昂贵，尤其是在家里。之后，人们开发出一些更便宜的方法，但公众并不是很了解空气循环的机制，因而很难恰当地使用制冷机组。结果许多人的机组落了灰、发了霉、有了臭味，和贮存食物的气味混合到了一起。该行业没有迅速发生演进。公众把这些不适当的模式作为现状接受了，并在许多情况下继续使用冰块。1851年，约翰·戈里（John Gorrie）博士获得风冷式冰箱的美国专利，并试图在新奥尔良推销该发明，但未获成功。

最终，战争为变革创造出催化剂。在奴隶制和州权利的问题上，南北战争分裂了美国南北方。林肯宣布，要"防止船只从南方港口进出"，这阻止了波士顿的冰到达南部邦联（the

Confederacy）。封锁使进入南方港口的船舶数量减少了三分之二。这对冰的供需双方都是坏消息：供应商失去了很大的市场份额，消费者也已经习惯了有冰的日子。

南方人被迫接受另一种选择。费迪南德·卡尔（Ferdinand Carré）的氨水制冷机很快被秘密运到得克萨斯州和路易斯安那州。随着南方越来越多家庭开始使用这种制冰机，制造商逐渐改进了技术。但在美国其他仍可以继续获取天然冰的地区，人造冰和人工制冷业仍无法与天然冰业抗衡。

战火肆虐之时，南方的人造冰业蓬勃发展起来。1889 年，得克萨斯州已拥有 53 家制冰厂。事实上，几乎所有成功的制冰商都来自被联邦政府下令封锁的、与联邦分隔开的南方地区。

一段时间以来，美国其他地区一直继续支持着天然冰。新的人造冰制造模式容易发生气体与油的泄漏和爆炸事故，这阻止了人造冰业侵入美国其他地区的天然冰业。此外，天然冰比人造冰便宜。事实上，天然冰业的寿命原本可以更长些，因为与新的人造制冰机相比，天然冰的价格极为低廉。

天然冰业的命运出现转机是因为暖冬越来越多，以及水污染引发了人们对公众健康和安全问题的担忧。位于费城的一些公司出售着来自斯库基尔河（Schuylkill River）及其支流的天然冰块，而这条河流不断遭受着来自屠宰场和啤酒厂的废弃物的污染。那时，许多人认为，"困在冰里的细菌被冻死了"，因此，冰冻被污染的水是安全的。甚至连卫生部门也声称，任何"杂质"都在采集时

消失得无影无踪。杂货店、酒馆等商家往往使用最脏的冰，而个人消费者则愿以更高的价钱购买来自池塘和溪流的更干净的冰。

19 世纪 80 年代爆发的伤寒症终于使公众幡然醒悟，并开始反对天然冰。研究人员证实，"伤寒病菌可以在冰里存活……且有些细菌存活的时间足够长，化冻之后仍然可以传播病毒，特别是在冷冻较短以及天然冰贸易进行的冬季几个月"。

污染打破了天然冰完全"纯净"的神话。例如，人们把各自从马萨诸塞州瓦尔登湖和斯库基尔河取来的冰放在不同的杯子里，化成水后，冰水的颜色、味道和沉积物的量等方面都有显著差异。然而，商人在向消费者分发的小册子中争辩道："在使用之前，将天然冰存储在冰屋里 3~12 周，甚至 20 周……12 周的存储就会使其近于无菌状态了。"

"天然冰总是比形成冰的水纯净 90 % 以上，"小册子接着声称，"化学家们已经证明了这一点。"虽然这些关于纯净度的"科学"说法是天然冰业惯用的辩词，也是其广告宣传中的推销之词，但这种言辞凿凿的手册存在的本身就意味着天然冰业已经开始走上衰亡之路了。

事实上，小册子公开承认，"人造冰和人工制冷已经对一个 20 年前，不，是 15 年前我们自以为已经垄断的领域造成了巨大的侵害"。那时采集天然冰的费用比任何机械或人工形式的制冷都低，天然冰业因而得以生存，但要满足消费者质量和清洁方面的需求，天然冰的经销商们就必须寻找更好的解决方案。

面对人造冰的竞争，天然冰的经销商们积极采取应对行动。他们使用改良过的汽油发动机驱动的田地锯和池塘锯，提高天然冰的采集效率；他们在储冰室里安装更先进的电梯。

天然冰业还以广告战保卫它们的"老传统"。广告战充分利用了普通消费者最为关心的与机械制冷相关的主要问题——安全性和可用性，并在天然冰采集的天然性上大做文章。

一首题为《致天然冰！》（*To Ice!*）的诗中写到，"简单，省钱，纯净，冰冷／我的工作亦属浑然天成"，家用制冷局局长玛丽·E.潘宁顿（Mary E. Pennington）制作了《冰的浪漫》（*The Romance of Ice*）、《用冰和盐制作的冰冻甜点》（*Desserts Frozen with Ice and Salt*）等 13 本小册子。

这些小册子除了对冰奉献了大量的溢美之词之外，还赞誉它是儿童新鲜牛奶的"守护神"。该行业还强调，相对于有潜在化学危险的氨，冰要纯净得多，并声称"正如落雪净化大气……融冰也净化了冷藏库中的空气"。

人工制冷业和天然冰业在发动广告战和公众舆论时，都瞄准了家庭主妇。天然冰的支持者们说，冰带来的"湿冷空气"比机械冰箱中的干燥空气强多了，对于新鲜食物是更好的防腐剂。它对"可能存在的危险食物的气味"也是潜在的过滤器。这种观点利用了家庭主妇的焦虑心理，因为她们担心给孩子食用的鲜奶、水果和蔬菜不够新鲜。

人造冰业声称，他们的产品对"行事谨慎的家庭主妇"最为

实用。它从美国著名的室内装潢设计杂志《美丽家居》(*House Beautiful*) 获得了莫大支持。该出版物预测,"在我们的时代,我们需要花钱买冰……但我们的孩子不用再买冰了。……他们将使用机械制冷"。

《美丽家居》还列举了电冰箱的各种优点,其中包括"比家庭主妇年复一年支付购买冰以及食品腐败变质的费用要少很多","它解除了家庭主妇的一个最为重大的责任"(订购天然冰),以及"在电制冷产生的干燥空气中,普通冰箱中的细菌在 38 华氏度时不会有生命活动,一直到 44 华氏度,只有在超过 44 华氏度后才开始有"。

尽管人工制冷在获取正面报道方面取得了进展,但它在许多方面仍然不安全。1893 年,在芝加哥举办的哥伦布世博会上,冷藏建筑物发生火灾,造成 17 人死亡,19 人受伤。芝加哥的历史学家约西亚·西摩·科里(Josiah Seymour Currey)再现了当时的情景:消防员冲进建筑物的"熊熊烈焰之中",而"成千上万名惊恐万状的观众"目睹了这一过程。

1894 年,《冰与制冷》(*Ice and Refrigeration*)杂志其中一期就曾警告说,爆炸的数量将会随着制冰厂和制冷厂数量的增加而增加。同期还刊载了冰箱消费者的多封来信,他们就氨泄漏到水中和冷凝器中,以及氨气瓶发生故障等问题提出了疑问。有一年仅仅是在芝加哥,冰箱泄漏的气体就导致了 30 起事故,并致使 10 人死亡。

制冷业继续坚决认为机械冰箱是安全的，不应把爆炸归咎于它，但美国人并不同意。《冰与制冷》的另一篇文章指出，"每当制冰厂发生事故时，报纸立即就将其归为氨爆炸"，这突出显示了当前备受瞩目的公众不信任与氨相关的危险。

制冷业拒绝考虑没有氨压缩爆炸风险的替代设计，他们使用了各种方法以否认风险，如用保险统筹的方法避免必要的技术改进。随着时间推移，特别是当消费者认为自己面临致命风险而制造商获利时，担忧加剧。但许多业内人士依然否认或怀疑氨是否具有爆炸性。一本 1890 年的公司小册子就吹捧氨具有"极大的稳定性，不易燃性和非爆炸性"。

业内人士认为，焦点不应该是氨，而是要弄清楚是什么引发了事故。大多数用户都缺乏足够的专业知识技术评估他们所面临的风险等级。但随着制冷技术知识的增加，人们的安全意识也在增加。

1914 年，马萨诸塞州通过了冰箱的安全规范。1915 年，纽约发生火灾后，人们通过了更为严厉的法规，其他州也纷纷仿效。这些法规包括在建筑物内增设应急管道，以防止氨在机房中大量积聚。"该法令还禁止明火、弧光灯和直接通向任何含氨制冷设备区域的锅炉房。最终，另外 30 个大城市和几个州也通过了类似的法规。"

芝加哥大火的结果之一是威廉·亨利·梅瑞尔（William Henry Merrill）于 1894 年创建的安全认证组织——保险商实验室

（Underwriters Laboratories，以下简称 UL）。这位 25 岁的波士顿电气工程师去芝加哥调查火灾时，看到了开发安全标准测试以及设计安全设备以识别危险的潜力。1903 年，保险商实验室发布了其关于"锡复合防火门"的第一个安全标准。1905 年，UL 标志首次出现在一种灭火器上。

随着机械制冰业安全问题的解决，天然制冰业面临着其他形式的竞争。譬如说，太多经销商进入这个已经饱和的市场，竞争变得更加激烈。有冷冻机械设备的销售人员，凭借其运营成本低的优势，经常使一个地区的制冰业形成"一山难容二虎"的局势。自由经销商的介入亦加剧了竞争的激烈程度。一些行业，如啤酒厂和冰淇淋的生产商，把冰作为副产品进行生产和销售，轻易就对正规厂商构成了威胁。因此，天然冰价格狂跌，行业萎缩。

一些地区的人们采取了积极措施应对此问题。同业公会把企业成员召集在一起，讨论各种解决办法。在纽约、布法罗、芝加哥等地，出现了冰货贸易以调节冰价。切冰设备也得到了整合。有一些公司在技术整合后，出现了喜人的结果，如纽约的美国冰业公司（American Ice Company），它很快建立起专卖机制，最终控制了纽约市的冰供应。1900 年 5 月，它将冰价翻了一番。

虽然美国冰业公司在行业内显得卓尔不群，但公众普遍认为它在漫天要价。新闻报道用诸如"冰信任度"等词语描述企业为挽回价格下降趋势所做的各种努力。公众并不了解这种趋势下的经济原理。诸如暖冬、分销的高成本以及小公司引发的市场泛滥

142

等因素使得冰价随行就市，然而，人们对天然冰业的广泛不信任为制冷剂创造了有利的市场条件。

双方在争论过程中产生的不信任，也导致了新形式的调控性法令法规的出台。在制冷的起步阶段，人们认为冷藏食品会威胁健康。人们对冷藏食品的消极态度不断升级，使得天然冰业的拥趸十分担忧。"一般来说，在报纸的鼓动下，人们拥有以下一些想法不足为怪：冷藏设施被用来人为控制市场，哄抬价格；食品运输时间过长，这一过程中会产生对公众健康有害的物质。"一种解决办法是：通过法律，设法缩短冰库储存食物的时间。法律还要求经销商在食品上标记开始冷藏的日期。

随着城市发展以及天然冰变得越来越不切合实际、越来越不健康，人们对储存易腐产品的更好方法的需求也越来越大。可批评家们宣称，食物在冷库里保存得太久会变得很不卫生也很难吃。除此之外，在使用冷库的早期阶段，关于如何正确储存食物的信息匮乏，这导致了食品质量恶化。例如，保存鸡蛋之前，人们没有对着光检查鸡蛋是否完好无损。人们在接收化冻后又返回到冷库的货品时也犯了错，导致食品的不安全和质量恶化。

此外，因为消费者需要新鲜的过季食物，经销商就经常将解冻的高品质冷冻货，作为新鲜品销售，以欺骗消费者。经销商还把品质较差的腌制食品和新鲜食品作为"存储货物"出售。因此，那些强烈质疑冷藏又定期吃冷藏食物的消费者反而相信食物是新鲜的。冷藏食品获得了"经过防腐处理的食物"的病态标签。在

国际贸易中，为了保护当地生产，各国对进口的冷冻牛肉征税。

1912 年，马萨诸塞州食品冷藏问题调查委员会的一份调查报告提到了朱尼厄斯·T. 奥尔巴赫（Junius T. Auerbach）的证词。他声称，当他听到有人认为制冷其实可以提高食物质量时，他感到非常有必要站出来作证了。他自己就是"肉毒胺"的受害者。"专家们"从一家冷藏仓库的鸡肉中查找出了这种有毒物质。

颇具讽刺意味的是，奥尔巴赫还宣称，"世界上所有专家都不能让（他）相信，食物冻结后，其纤维不会发生些变化"。奥尔巴赫与冷藏业的主要争论点是，"公众应该知道鸡蛋在冷库的时间长短"。这种知识可以预防商家在食物的新鲜度以及可用性（因此还有价格）上的欺骗。

然而，随着冷藏方法的改进，没有多少证据支持冷藏增加公共健康风险的说法。冷藏仓库比典型的"屠夫的冰箱"或甚至比家用冰箱更加卫生干净。正如麻省理工学院的威廉·塞德维克（William Sedgwick）在同一份报告中所证实的那样，冷藏是"对公共卫生最大的帮助之一，因为它使食物更容易获得，也更丰富，从而使人们能够保持体能，避免患上像坏血病这样的疾病"。大多数的冷库都能为保存的食物提供安全和卫生的环境。最后，美国农业部和其他政府机构发挥了重要作用，它们告知消费者采用机械制冷的冷库不仅无害，而且益处多多。

人们对冷藏业横加指责的第二波浪潮源于公众对生活费用上涨的忧虑，这在 1909 年达到高潮。批评者们宣称，食品价格上涨的部分原因在于冷藏食品的投机性质，即经销商在供应过剩时购买易腐食品，在供不应求时卖出。

根据马萨诸塞州调查委员会的报告，奥尔巴赫指责冷藏业只有"在价格达到他们满意的标准，或者供应很少，价格提高"时，才将食品从储存库取出销售。经济压力加大了人们对冷库投机买卖的检查力度。储存、保险、利润和食品价值贬值的风险也给冷库经营者带来了不少忧虑。

对冷藏的另一项指责来自冷库经营者。他们认为，冷库引起食品价格下降，导致食品的价格更加单调无变化，尽管它不是唯一起作用的因素。

总体而言，制冷的引入"带来了季节性波动的显著减弱……以及空间价格①联动的收紧"，黄油的案例已经证明了这一点。此外，"美国在 19 世纪后期采用制冷技术，19 世纪 90 年代，乳制品的消费量和蛋白质总摄入量每年各增加 1.7％和 1.25％"。然而，公众需要一个为什么食品价格在上涨的解释。由于制冷是经济的一个新因素，于是人们将价格上涨迁怒于制冷技术，政治家们则诉诸操控。

1912 年，马萨诸塞州调查食品冷藏问题的委员会认为，冷藏食品对消费者来说既安全又省钱。不久之后，美国公共卫生协会（American Public Health Association）发表了一项声明，称赞制冷业全年都能为人们提供各种有益健康的食品。这一点同美国农业部的冷库经营者自愿报告系统一起，减少了公众对冷藏的偏见。

---

① 空间价格，又称作地域性价格。

自愿报告系统向公众提供了关于单个商品在各个经济阶段的知识。正如安德森（Anderson）所指出的，公众对冷藏有偏见，但通过在调查、立法和教育方面制造声势，最终制冷业被人们广泛接受。这真是一种有趣的现象。

随着冷藏的普及，天然冰业发起了广告大战与人工制冷业竞争。广告大战旨在"创造对天然冰业的尊重和信任""建立冰行业的新秩序""增加现有消费者的冰消费量""促进冰作为制冷剂与小机器竞争"，最后是"进行科学和实践研究，以彰显冰作为制冷剂的价值"。

然而，天然冰业处于守势，它声称"（冰）是使食物冷却的自然方式"比较有优势，因为它"足够湿润，可以防止食物变干"。另一个广告则声称，吃天然冰冷却的食品有助于女性"控制体重"，例如坚持吃由天然冰保鲜的生菜、橄榄和芹菜等美味食品。天然冰业一再强调，湿润的天然冰可以锁住食物中必要的水分，而干燥的制冰机则做不到。

芝加哥的肉类加工行业看到铁路冷藏车的良好发展前景。在1880年，以铁路冷藏车运输冷冻肉类具有许多明显的优势。农民们可以在一年中最赚钱的时候推销他们的产品，并在高峰期屠宰牲畜，只运送死牲畜的有用部分的方法也节省了大量的运费。牲畜的副产品还能以更实惠的价格单独装运。

铁路公司最初对冷藏车的技术持怀疑态度，而更多地关注运送活猪和活牛，投资兴建停靠站和饲喂站。在妥协达成之前，铁路公司对净肉类征收税费，使之与运送活体动物的利润相同。

在美国东部地区，因为害怕损失资本，屠宰行业对铁路冷藏运输持怀疑态度，并竭尽所能地大肆鼓动公众对远方运来的屠宰肉产生偏见和恐惧。许多做肉类生意的屠户和肉类处理者都拒绝分销来自芝加哥的屠宰肉。他们广泛游说各州的州政府和各市的市政府，采取措施反对净肉的长途运输。做净肉生意的人进行了有力的反击，他们或者在东部开设自己的直销网点，或者与当地屠户合作。在接下来的十年里，由于净肉比牲畜运输更具成本效益，人们对净肉的敌意逐渐消失。

## 研究制冷，获得"诺奖"

人工制冰需要对工程原理有相当多的了解。这意味着，大部分关于提高制冰水平的讨论仅限于技术界。事实上，工程师在该领域的发展中发挥了关键作用，特别是在 1890—1917 年。

除了使用氨和二氧化碳作为冷却剂之外，工程师们还专注于冰箱的"小型化"。早期制造小型机器的尝试均以失败告终，但是到了 1917 年，"容量在四分之一吨到三四吨的机组已广泛使用。它们不需要多么精湛的技术，因为它们不是自动制冷的"。

这些小型机器维护成本较高，因此人们开发了新的改进方法以降低成本。例如，人们使用浓盐水来储存制冷剂，并在不能获得廉价蒸汽的地方使用内燃机。

这些改进与相当大的技术多样性有关。例如，到 1916 年时，已有超过 24 种不同的家用机器在使用了。一些欧洲的设计理念开始进入美国市场。例如，使用二氧化硫压缩的奥迪夫伦牌冰箱（Audiffren）在法国设计，但由通用电气公司在美国制造。机器模型的多样性及随后的改进则由广泛的社会因素造就。

新设计理念的出现和相关的技术挑战要满足不同市场的需求，需要更多的技术信息交流。《冰与制冷》是这个行业的第一本杂志，1891 年创立于芝加哥。"杂志图书的出现，为工程师、冷库经营者、酿酒商、包装商和其他相关人员提供了详细的技术资料。与第一本杂志一样，第一本专业图书也源自美国。"

收集和传播信息的需要促成贸易和行业协会的创立。1904 年，美国制冷工程师学会在纽约成立，旨在"促进与制冷工程相关的艺术与科学"。

西部分会的主席路易斯·布洛克（Louis Block）在第一次会议上发言说："我们不再处于婴儿期。我们已是充满活力的成年人，已经到了一个更保守的年龄。但我们仍在向前进，作出改进，不断扩散，任何想跟上制冷业发展步伐的人都必须快速前行。我们不敢停下脚步，我们的目标是美好的未来。和过去一样，我们不仅要改进和简化机器设备，而且要向着降低制冷厂和制冰厂的成本的方向改进。"贸易协会和出版物为行业带来了解决公众关注问题所需的透明度，并促进了更大的标准化。

科学、技术和工程在推动全球制冷方面发挥了更为重要的作用。该技术对国际贸易的影响已变得显而易见。例如，欧洲国家将它看成是与其殖民地扩大贸易的切实可行的方法，为了推进这一领域的发展，它们召开了多次国家代表大会。

1908 年，第一届国际制冷大会在巴黎召开，它的一个主要目标是：建立一个集中机构，以帮助推进制冷领域的发展。这一目标实现于 1909 年，国际制冷协会成立（International Association of Refrigeration），总部设在巴黎。

1920 年，国际制冷协会重组更名为国际制冷学会（International Institute of Refrigeration）。这个远见卓识的机构是唯一一个独立于政府间的国际学术组织，它旨在推进制冷领域的科学、技术和工程方面的发展交流。它促进了制冷领域知识的传播和交流，从低温学到空气调节装置，涵盖液化气体、冷链、制冷过程与设备、制冷剂以及热泵等方面的内容。它解决了诸如能源效率和节约、健康、食品安全、全球变暖及臭氧损耗等关键问题。

国际制冷协会的成立是里程碑式的。"来自 42 个国家的 5 000 多名代表聚集在巴黎的索邦大学，探讨关于人工制冷领域的惊人的发展问题。"会议在国家委员会的敦促下得以召开，但讨论的专题分为几类：

1. 低温及其一般影响；

2. 制冷材料；

3. 冷藏应用于营养；

4.冷藏在其他行业中的应用；

5.冷藏在贸易和运输中的应用；

6.立法。

从根本上说，这是一场科学、技术和工程的会议。"科学和技术的问题本质上涉及所有上述领域，特别是制冷行业使用的措施和标准、单位和术语的定义。"

值得注意的是，成立大会以及随后创建的国际制冷协会是该领域的两位杰出科学家卓越领导的结果。其中一位是来自荷兰的海克·卡默林·昂尼斯（Heike Kamerlingh Onnes），另外一位是来自瑞士的夏尔－爱德华·纪尧姆（Charles-Édouard Guillaume）。后来，两人分别于1913年和1920年获得了诺贝尔物理学奖。

制冷的日益重要与支持者智慧的结合，使得召集"科学家、工程师、实业家和商人共同解决人工制冷领域发展过程中出现的一些紧迫问题"成为可能。

政治领导人在筹备此次成立大会上发挥了同样重要的作用。会议的组织委员会由安德烈·勒本（André Lebon）领导，他后来成为国际制冷协会的主席。他"是一个成功的商人，是前商务部长和前殖民地部长，是非常自由的科学政治学院的教授"。他后来在法国的一些关键的经济部门担任要职。其他的一些拥护者包括让·德·拉瓦度（Jean de Loverdo），一位著名的巴黎工程师，研究制冷在农业中的作用。

在大会及其宗旨背后，这些人努力将法国主要的学术、行政和立法机构凝聚在一起。他们施展各自的影响力以防止德国和奥地利挑战集权化组织而创建去中心化的委员会。事实上，最后的结果是这两种方法兼容并蓄了，并没有违背人们想要创建一个支持制冷的组织的初衷。

该协会的设计目的是为了不干扰国家事务。它旨在集中所有相关信息；鼓励产业发展；为科学、技术和产业问题寻找最佳的解决方案，并为易腐产品的运输提供最佳的管理措施；收集有关立法进展情况的资料；推广制冷相关的科学知识；建立不同国家团体之间的合作；协调其成员的活动。

在国际制冷协会创建的最初几年里，它在法国国内外的关系都很紧张。信息传播的集中化也要求加大翻译投资，德国工程师就很是关注这一问题。同样地，像卡默林·昂尼斯这样的人，原本期望协会可以作为研究资金来源发挥更大的作用，但真实情况却令他们越来越沮丧。尽管存在这些挑战，协会作为一个重要的制度上的创新，它希望通过提供技术的解决方案以迎接行业的挑战，而将社会所关注的问题留给国家机构及其成员解决。

欧洲的制冷业找到了制度上的家园，它没有面临来自天然冰业的挑战。然而美国的两个行业及其协会不得不共存，至少在过渡期间如此。

## 攻城略地的冷藏技术

人工制冷的便利性开始占上风并超过人们担忧的潜在危险性。制冰业通过大力宣传儿童可以喝上"新鲜"的牛奶，吃上"新鲜"的食品而获得了妈妈们的支持。与此同时，由于要用到一个冰柜而不是人工冰箱，这种不便性被人们用食物混杂、气味混淆和设计不合理等描述加以放大。当然它还存在其他问题：早期人工制冷系统的大小、噪音和成本都对其在典型的美国家庭中的普及造成了障碍。

随着技术的改进和工程技术的进步，以机械手段进行的冷藏存储彻底性地变革了许多行业。1920 年左右，肉类包装商开始意识到，动物被屠宰后立即清除其躯体中剩余的热量是保存肉类的一个重要因素。其方法是用盐水喷雾改进冷库的环境，屠宰因此变成了一个更为复杂的过程。屠宰后，可以将动物的躯体直接移至冷却室。在等待装运或进行固化之前，冷却室有助于肉类的湿度控制。如果有必要，肉类可以在此之后进行冻结。这也适用于肉类的副产品。多级处理系统帮助了肉类包装商跟上市场波动的脚步。

空调的发展使其可以调节储存物的湿度，并防止脱水和发霉。制冷业在很大程度上依赖于铁路冷藏车，这导致了垄断的产生。因为对中西部运送来的肉类的担忧，人们对屠宰到装运的所有制冷环节都更加关注。后来由于冷藏卡车的出现，垄断开始被打破。随着新的加工和塑料包装肉类的方法的出现，小型包装机变得与大型包装机一样高效。

与此同时，水果和蔬菜生产技术在 20 世纪初突飞猛进。冰镇冷藏作为产品运输上的重大创新出现了。1930 年，一种破碎抛冰机被发明了，它可以用软管将雪状的碎冰放到冷藏车的任何位置上。美国农业部发起了一系列针对特定产品的测试，以确定各种水果和蔬菜的最佳运输条件。农产品区域专业化生产得以盛行。

在 30 年代，火车冷藏车的技术普遍得到改善。在运输水果蔬菜时，冷藏车厢开始预冷，安装在每节车厢里的风扇使空气在产品周围循环流通，直到自然空气环流（由火车的高速带动而产生）产生为止。冷藏车还使用了一种非常有效的方法，用碎冰冷凝的水自动冲洗蔬菜。

冷藏船通过巴拿马运河向国内运送贸易产品。许多人也期待着航空的冷藏运输，这将使冷藏业实现现代化，同时引起成本的增加。当时，许多人认为空运只有助于获取热带和亚热带的产品。

1923 年后，冷藏技术传播到了农村（农产品生产）地区。正如安德森所说，两个创新使这一切成为可能："一个是小型商业（制冷）机器的完善，一个是电气设施向农村地区的延伸。"它在农村的推进有许多优势。一方面，建设成本和土地价格在农村都很便宜；另一方面，农民在决定何时何地将其收获物投放到市场上获得了更多自主权。

1917 年前后，从事农产品生产的人们开始进行冷冻试验。1931 年，农业部在西雅图建立了冷冻包装实验室，研究生产高质

量冷冻食品的各个环节。1945 年前后，人们成功地研制出橙汁的冷冻方法，这获得了极大的公众认可。浓缩技术后来也扩展到柠檬、葡萄柚和葡萄汁。罐头生产项目在此阶段仍然拥有稳固的地位，因为它们依然有能在室温下储存的优势。

冷藏的出现使许多机构吵嚷着要去改变公众的看法，其中包括冷库经营者自发形成的委员会以及政府机构和政治家们。

美国农业部在向公众传播信息方面发挥了重要作用，它劝导公众不要相信所谓的冷藏危险。在 20 世纪初期，农业部的研究表明，"肉类、家禽、黄油、鱼和鸡蛋等"可以在冷藏条件下保存 9 ~ 12 个月而"不会有明显的风味损失"，甚至可以在更长的时间内保存而不失去营养价值。

如上所述，农业部的研究证实了冷藏有助于保持价格一致性。冷库经营者协会委员会声称，共和党人将冷库作为提高生活成本的方法，以维持高关税。为此，参议院专门成立了一个委员会调查其生活费用问题。委员会最后作出决定，限制了冷藏食品的保存时间，此措施稳定了价格。

虽然国家层面从未立法，但各州却通过了有关冷藏的法律。大多数地区也都进行了例行卫生检查。大多数州要求食品必须标明入库日期。法律逐渐规范。早期的立法被推翻，它们规定的储存时间期限很短，从而将一些货品排除在需要冷藏的清单之外，而关于货品重新进入冷藏状态的其他法律法规，则阻碍了货品在冷库之间的合法转移。

美国农业部对冷藏运输的成功起到了举足轻重的作用。正如安德森指出的那样，1930 年以后，它"在改进铁路冷藏运输技术方面作出了不懈的努力"。由于这些改进，区域专业化成为农业生产的一个突出特征。在铁路运输开始时，远离销售市场导致了农民忧虑："产品质量参差不齐以及误解都是不可避免的。"饱和的市场同样加剧了他们的焦虑。

然而，美国农业部在 1913 年建立的市场新闻网络和合作营销协会的兴起消除了这种紧张局势。农民现在无需面对面就可与买方进行有效的谈判。美国农业部还在推荐市场标准和提供联邦检查服务的费用方面发挥了重要作用。1943 年，美国冷藏仓库协会成立并资助制冷研究委员会寻找农产品保鲜的新方法和不同应用。与此同时，美国农业部对位于马里兰州贝尔茨维尔市（Beltsville）的美国园艺站进行了大量投资。围绕农产品的冷藏，园艺站进行了无数次的实验。

## 无处安放的天然冰业

天然冰业的社会经济问题推动了关于机械制冷的一些早期争论。然而业内人士关注更多的还是技术性问题。通过解决这些问题，人造冰业能够应对挑战，同时满足不同的市场需求。因此，制冷的全球化扩散，主要归功于它在应对技术和工程挑战方面的反应能力。从案例争论中得到的一些经验教训

可能对许多当代技术争论有所裨益。

**第一个主要的经验教训是安全规章在塑造技术应对行业挑战方面的作用。**

例如，为了消除与氨爆炸相关的风险，在 20 世纪 30 年代，制冷业转而采用氟利昂，这是一种被称为含氯氟烃的稳定而又不易燃的化学品。一些行业利用人们对氨爆炸的恐惧心理来推广使用氟利昂，但氟利昂随后被确定为损耗臭氧层的主要元凶。这导致了新一轮的产品替代。

根据 1987 年通过的《关于消耗臭氧层物质的蒙特利尔议定书》（*Montreal Protocol on Substances that Deplete the Ozone Layer*），许多含氯氟烃的产品被禁止或严格限制生产和使用。值得注意的是，很少有国际条约专注于把技术创新作为促进环境或人类安全的方式。

制定规章的重点不是扼杀行业，而是推进其安全性。在这个方面，安全成了技术改进依据的标准。其他技术标准如效率和便捷性同等重要，但它们并不像安全问题那样由立法驱动。在工程方面所作出的努力促进了科学的进步，和用新知识改进工程设计是一样的。

通过创建行业协会并发挥其主导作用，如创办出版物、召开会议和研讨会分享信息等，更好的技术实践得以采纳。《冰和制冷》等出版物作为公众教育和技术进步的载体发挥了重要作用。

冷藏的案例表明，与公众的看法相反，监管可以刺激创新的发展。在这个案例中，许多使消费者获得安全以及地区性机械制冷的进展，都在监管和新标准的刺激下产生。然而如果要监管某一行业，人们就需要了解如何在技术进步和安全之间取得平衡，而这需要政府、行业和学术界进行持续的联动。这种方法还涉及科学咨询，可以部分地通过关于技术的益处和风险的公开听证会加以实现。

**第二个教训是创立了像行业协会这样的新机构以促进行业发展。**

其中最重要的是国际制冷协会的创立。在此之前，美国、英国、德国、法国和荷兰等国家的许多区域性或国内组织都在致力于推进制冷发展。然而显而易见的是，它们的努力需要协调，于是，国际制冷协会应运而生。

国际制冷协会的创立是推进技术发展的一个重点。通过分享技术信息，它为科学与工程领域提供了一个非官方性质的平台。它还有助于促进科学研究领域自身的权益，独立于行业利益之外。具有联盟性质的国际制冷学会则是管理制冷行业诸多事务的重要秘书处。它的创建颇具远见卓识，展示了业内人士致力于推进该领域的敬业精神。今天，许多新兴领域受益于这些机构。

这一经验教训尤其使一些新兴技术如合成生物学、人工智能、机器人和无人机等受益。为每一项新兴的技术创建机构当然并不是特别必要，但因为很大程度上的官僚的效率问题，也不能排除这种可能性。

许多现有的机构可能没有预备好解决新兴技术出现后的一些问题，或者可能需要长时间的内部调整以适应新技术的需要。常见的做法是先定义新兴技术，以便它们能够适应现有的调节机制。例如，人们努力将合成生物学作为转基因作物的延伸进行推进和调节。这忽略了一个事实，即合成生物学也基于工程原理。

一些合成生物学产品可能具有工程的而不是生物产品的风险特征。鉴于这种不确定性，人们至少有必要考虑合成生物学与冷藏享有一些共同的属性，从而需要单独对待的可能性。同样的做法可能也适用于人工智能和机器人。

**第三个经验教训涉及大家较为熟悉的主题：对失去的恐惧。**

天然冰业的成长得益于卓越的创业精神，后者使本土产品进入印度那样遥远的地方的市场。这是一种严重依赖季节变化的产品，并受益于农闲时过剩的农业劳动力。这是它作为商业模式的优势，也是它后来广受诟病的劣势。

机械制冷使冷藏业摆脱了对季节变化的依赖，为企业和千家万户提供了去中心化的冷库。对失去的恐惧部分地导致了对冷冻产品卫生问题的争论。但是天然冰的污染和与之相关的疾病的大爆发破坏了它的形象，使其丧失了纯净的吸引力。政策制定者不仅要处理新技术的技术问题，而且还要面对更多的关于公众如何看待新产品的哲学性问题。

**第四个经验教训是关于推进新产业技术改进的前景。**

机械制冷在早期阶段遇到了各种各样的技术困难，它与农业机械化颇为类似，在发展过程中都把重点放在了技术的改进上。人们付出大量的努力，创建科学和工程的社团或协会以促进能推动行业进步的知识共享。政策制定者可以发挥更积极的作用，帮助建立信息共享和制定技术标准的机制。同样地，研究型机构也可以促进新兴技术知识的共享和传播。

通过初始商机的应用增强新兴产业的竞争力，表明了技术进步的重要性。太阳能光伏发电就是当代的一个很好的例子。光伏发电技术最重要的进展涉及薄膜电池的使用。近年来，这为另一个市场贡献了高达 35％ ~ 40％ 的全年增长率。行业的增长与产品和工艺的创新相关。

此外，世界各国政府提出了各种各样的激励措施以扩大光伏发电市场并增加其与现有电力来源的竞争力。这种全球性增长大部分来自新加入者，如中国。它用于刺激太阳能光伏产业发展的方法包括市场补贴，而美国将此视为与反倾销规章相抵触的手段。

最后，政府的作用是一个公众普遍争议的问题。正如农业机械化案例展现的那样，政府作为技术信息的来源发挥了重要的作用，其他监管机构以及行业协会可以根据政府提供的信息作出决策。在这一个案例中，政府主要通过美国农业部补充行业协会所发出的信息。政府提供信息的其他方式包括由州和联邦立法机构召开的审查技术风险的公众听证会。这为技术的呈递提供了机会，否则的话，公众就无从得知。

# CHAPTER 6

## 第6章

音乐人之痛：录制技术

WHY PEOPLE RESIST NEW TECHNOLOGIES

苹果公司的 Apple Music 和知名歌手泰勒·斯威夫特进行了一场跌宕起伏的交锋，苹果公司低头认错，但在半个世纪之前，音乐家还只能眼睁睁地看着自己辛辛苦苦原创的音乐，成为录制音乐企业家躺着都能获得收益的摇钱树。

绝大多数人收到总统的亲笔信，高兴都来不及，更何况，罗斯福总统在信里道出了真诚的恳求，但执拗的音乐家联合会领袖派特里奥看过信件后，却拒绝了罗斯福。

美国音乐家协会历经数次罢工，终于换来了录制音乐禁令，却不承想成为了录制音乐行业打破垄断的"红宝书"，这究竟是"创造性毁灭"，还是"破坏性创造"？

只有那些甘愿冒险不断前行的人，才能够清楚地了解自己能走多远。

——T. S. 艾略特（T. S. Elliot）

2003 年，《滚石》（*Rolling Stone*）对苹果公司的联合创始人史蒂夫·乔布斯进行了一次采访。乔布斯表示，"原有的订阅购买音乐模式已经破产。我认为，你可以去复苏它，但不太可能获得成功"。

2015 年，乔布斯的预言受到了考验。苹果流媒体音乐服务 Apple Music 和闻名世界的美国歌手、词曲作家及女演员泰勒·斯威夫特（Taylor Swift）之间进行了一场跌宕起伏的交锋。

为了吸引用户，苹果公司提供了三个月的免费订阅服务。在此期间，音乐人没有任何报酬。"三个月不给报酬的时间太长了。要求音乐人为它工作而不支付任何费用是不公平的。"斯威夫特在一封公开信中这样写道。她解释了把自己的流行专辑《1989》

从流媒体网上下架的原因。"我们不会要求你免费提供 iPhone 手机。请不要让我们为你免费提供我们的音乐。"在这场音乐人对抗世界上最富有的大公司的"战争"中，斯威夫特大获全胜，而 Apple Music 不得不乖乖低头。

在录制音乐出现的早期阶段，人们也表达过同样的担忧，导致了音乐产业和音乐家之间长期的对抗。本章回顾了 1942 年美国音乐家联合会（American Federation of Musicians）对录制音乐发布禁令的案例。这是美国音乐录制技术的新的发展导致社会紧张的结果。这项禁令也是联合会的领导人为保护旗下音乐家及音乐工程师所作出的努力的结果。

他们认为，这些人的生计受到了音乐录制技术的威胁。除了概述该禁令的动态，本章还回顾了其更广泛的影响，包括新音乐流派的创建以及音乐录制业的发展壮大。诚然，音乐录制业侵蚀了旅行音乐家的机会，但它也使音乐产业呈现出多样化趋势。

## 录制：让音乐人很受伤

熊彼特非常重视创新带来的经济收益。然而，他也认为，"创造性破坏"的过程会对那些受到波及的人造成相当大的痛苦。他设想了社会大部分人被新奇的车轮碾压而过的情形。当新技术引入时，人们最大的恐惧之一就是失业。这通常是一种真实存在的忧虑。新技术往往更有效率，因此只需要较少的体力劳

动者。或者是新技术引入新商业模式，财富转移到新的极少数人手中。这种转移是造成各行业和各代人之间相当大的社会紧张关系的根源。这种转变有时迫使劳工组织呼吁，禁止使用某些技术。

在整个 20 世纪里，音乐产业取得了广泛的技术进步。在大多数情况下，熊彼特式"创造性破坏之狂飙"是经济发展新机遇的来源。但技术创新浪潮也伴随着社会福利方面的支出增加。前面几章说明了由于新技术的潜在影响波及个人生计问题，而引发了相当大的社会焦虑。

艺术家和技术工程师们担心音乐录制技术的变革会使他们饭碗不保。工会向他们伸出了援救之手。1942 年，音乐产业中最强大的工会组织"美国音乐家联合会"（American Federation of Musicians）发布了禁止录制音乐的禁令。

这使音乐录制业一度陷入停顿状态，音乐制作人经济损失严重。所有音乐录制活动都停止了，来自世界各地的艺术家因而拒绝与美国的制作人打交道。美国音乐家联合会在 1942 年的禁令中把持重权，使技术创新导致的社会紧张关系的星火一下子燎原开去，并成为人们面对行业变革时所感到的对失去现有工作的恐惧的象征。

被人们授予权力的工会在 1942 年的这种做法可以追溯到英国卢德分子的动乱事件。这是第一个有组织的劳动者与技术创新发生冲突的例子。它发生于 19 世纪初，是因为新的织布机、纺纱机和袜子机的应用威胁到了纺织工人的就业。

与普遍流行的说法相反，卢德分子并不是要反对技术进步，而是要捍卫他们的生计。卢德分子群起而攻之的行为是历史和创新的进程中，工会和行业发生碰撞的众多案例中的一个。20世纪40年代，同样充满异议和恐惧的碰撞也发生在音乐家和他们的资助者之间。

卢德时代的遗产之一就是创建劳工组织，以维护其成员的利益并保护他们免受管理和生产方法的变化而造成的损失。

自那时以来，工会通过各种方法与雇主进行广泛的谈判。在许多情况下，他们直接反对应用某些特定技术。技术的发展创新会改变一个地区的社会结构和经济结构。传统的运作模式将受到挑战，人们也会有其他的生活方式。技术创新的分配、利益和风险引发的激烈争论，主要由分配的不确定性和潜在的资产侵蚀引起，如人力资本，其补充起来就相当缓慢。

20世纪早中期的美国音乐产业是个完美的例子，它很好地说明了技术和工程的发展所带来的威胁如何影响业内人士的生活。随着录制音乐的开始，以及音乐录制业和无线电广播业的出现，音乐表演者的生活发生了翻天覆地的变化。

历史上，现场音乐表演被视作介于手艺活和职业表演之间的某种东西。获得音乐技能需要花费很长时间，而且大部分学习都在生命早期完成，在生命后期很难再获得音乐技能。因此，表演者们寻求工作保护的倾向相当高。此外，许多技能都是非

常独特的，表演者们不大容易转行，从事其他工作。

今天的音乐家受到人们的尊重和敬仰，但在过去，情况并非总是如此。有一段时间，音乐家是为了娱乐大众而存在的。他们被雇用参加婚礼、葬礼、聚会及其他社交活动。他们并非社会的偶像或榜样。许多音乐家会做其他工作以赚取额外收入，主要是木匠、售货员或类似职业。

音乐家受雇于一个系统。在这个系统中，雇主雇用承包人，承包人转而雇用音乐家。结果，一流的音乐家没有从他们的工作中完全获得他们应得的经济利益。"承包人之间"的竞争就是"确保雇主的合约进一步压低给音乐家的报酬，因为承包人能够再分配给音乐家的钱不多"。

在这个时期，音乐家生计的特点就是竞争激烈、收入不确定。工会很快成为苦苦挣扎的音乐家的辩护律师，并设法控制竞争和促进就业。

音乐家开始在他们圈子内部创建组织，在全美的各个城市中，地方工会如雨后春笋般涌现出来。例如，纽约市、芝加哥市和辛辛那提市都制定了工作标准，并大力推行规章制度提高成员的生活质量。1886 年，地方工会领导人在辛辛那提市召开大会，并创建了全国音乐家联盟（National League of Musicians）。该联盟是音乐家最重要的工人组织。

随着时间的推移，全国音乐家联盟的成员数量和权威性不断增长。创建于 1886 年的同业工会联盟——美国劳工联合会

（American Federation of Labor ）曾邀请全国音乐家联盟加入。但全国音乐家联盟领导人反对加入劳动者类型太杂的美国劳工联合会，并担心在它的主持运行下，很可能会失去自身的权威性。最后，关于是否与由塞缪尔・龚帕斯（Samuel Gompers）领导的劳工联合会建立联系的争论，导致了全国音乐家联盟的内部分裂。1896 年 10 月，美国音乐家联合会成立。它加入了美国劳工联合会，并从加入时就开始孜孜不倦地努力提高其成员的经济地位。

美国音乐家联合会领导者最初关注的是控制联合会以外的竞争。它认为，增加其成员经济实力的关键是确保就业市场的存在，而两个主要的威胁来自军乐队和外国音乐家。总的来说，这二者代表了廉价劳动力，导致了美国音乐家的失业。种族主义和本土主义的因素更加剧了对外国音乐家的反对。联合会成员甚至试图援引《外国人合同劳动法》，但最终被法院断然拒绝。

美国音乐家联合会还强烈反对军乐队和管弦乐队。因为军乐队的音乐家都从军队获取报酬，因而能够接受较少的报酬。联合会领导人与军事行政人员谈判，并最终游说通过一项法律，禁止军事音乐家与平民表演者竞争。

音乐家和他们的联合会共同经历着音乐发展过程中的风风雨雨。然而，技术改进开始改变其职业性质，加之商业化和政治势力基础的新元素的加入，他们行业的动荡性质变得更加混乱。

## 爱迪生抢走了音乐家的饭碗？

录制音乐的出现彻底改变了音乐的发展轨迹。录音技术使音乐大众化，人们收听更加方便。但这威胁到了美国现场音乐表演家的生计。

1877 年，托马斯·爱迪生发明留声机，录音技术因而取得突破性进展。他的工作建立于法国人利昂·斯科特（Leon Scott）1856 年发明的声波振记器的基础上。声波振记器可以录制声音，但录音无法翻录。它最初旨在记录电话消息，但爱迪生和其他发明人看到了它记录其他形式的声音的潜力。

19 世纪后期，许多发明家都在努力创造一种有望实现商业化的留声机。直至 1900 年，唱片被复制并销售给美国家庭，为全球音乐产业的出现铺平了道路。

机器对音乐本身的影响已经成为行业中具有相当大争议的主题。当美国前卫作曲家乔治·安太尔（George Antheil）的《机器的舞蹈》[①]在纽约卡耐基音乐厅（Carnegie Hall）首演时，报纸的头条发出这样的惊叹："来自安太尔的一大堆噪音"和"面对安太尔的《机器的舞蹈》，人们嘘声一片"。安太尔运用"钢琴、木琴、电铃、汽笛、飞机螺旋桨和打击乐器"等音响组成音乐。

意大利未来主义画家和作曲家路易吉·鲁索洛（Luigi

---

① 《机器的舞蹈》（*Ballet Méchanique*），是法国先锋电影运动中立体主义电影的代表作，是一部由法国立体派画家费尔南德·莱谢尔制作的实验电影。安太尔为这部影片作曲。

Russolo）早先尝试过用新发明的噪音机器创造出一个管弦乐队全套乐器的声音，但效果并不太好。当他 1914 年在舞台上用这些机器试演奏时，一大群人"聚集在一起，甚至在开演之前，就吹口哨、嗥叫和投掷东西，这种喧闹一直贯穿了整个演出过程"。

早期的录音机器有许多缺陷，于是美国音乐家联合会就利用新技术的早期问题大做文章。新技术的种种限制使得现场演出仍继续流行。

联合会总裁约瑟夫·韦伯（Joseph Weber）指出，留声机从某种程度上帮助了音乐家。它提高了公众的音乐意识，这反过来有可能创造就业机会。在 1926 年的联合会大会上，韦伯试图使音乐家们安心："收音机也没有什么可怕的……收音机与留声机一样，会产生相同的效果……它最终会增加音乐家的就业机会。"

由于大多数录制音乐的质量很差，音乐人及其工会组织并不认为早期的录音机会威胁他们的生计。不久之前，音乐家"开始思考，流行音乐或歌曲的录制是否会减少对现场音乐演奏的需求。然而，一段时间以来，录制音乐总带有嘶嘶沙沙的声音，尽管它在商业场所播放了，也为少数表演者提供了补充收入，但还未对音乐人构成严重威胁"。

此外，在录音技术出现的早期，因为来自现场演奏的音质更好，广播电台倾向于音乐家在其节目上现场演奏或演唱。因此，这时的电台很少使用录制音乐。使用录音制品没有吸引力，广播电台因而尊重工会组织对就业和相称工资的要求。他们努力雇用

管弦乐团、乐队和声乐家在无线电广播节目上表演。在早期创新阶段，现场音乐和录音技术之间一直保持着相对平衡。然而，随着电录音技术的不断改进，这种平衡很快被打破了。

联播的兴起改变了音乐家在广播上现场演奏／演唱的模式。附属台开始使用唱片和录音来填充网络广播之间的时间。完全依靠唱片的小型广播电台开始大量涌现。音乐家开始担忧了。

1930 年，美国音乐家联合会向联邦无线电委员会（Federal Radio Commission）提出申诉，要求控制或消除电台播放唱片。1932 年前后，新发明的自动点播机加剧了他们的担忧。随着点播机的流行，随之而来的是失业。在整个 30 年代，许多酒店、餐馆和酒吧的经理用投币式录音设备取代了音乐家的现场表演，因为这些设备更便宜，况且他们不需要再与要求苛刻的、背后又有工会撑腰的音乐家打交道了。

录制音乐的引入也渗透进了电影业，虽然开始的时候并不顺利。在其使用初期，技术和工程上的挑战困扰着电影界。华纳兄弟[1]是早期的采用者之一。它以录音提高自身竞争力，希望以此帮助社区小电影院成长，与"市中心豪华的电影院"形成竞争。

录制音乐的出现不仅改变了音乐家和唱片业的商业前景，而且改变了美国公众休闲和接触音乐的方式。在录音出现之前，人

---

① 华纳兄弟（Warner Brothers），是华纳兄弟娱乐公司（Warner Bros. Entertainment, Inc.）的简称，是全球最大的电影和电视娱乐制作公司之一。目前，该公司是时代华纳旗下子公司，总部分别位于美国加利福尼亚州的伯班克以及纽约。华纳兄弟包括几大子公司，包括华纳兄弟影业、华纳兄弟制片厂、华纳兄弟电视公司、华纳兄弟动画制作、华纳家庭录影、华纳兄弟游戏、DC 漫画公司和 CW 电视台。

们不得不离开家去听音乐。他们通常成群结队地去观看现场音乐表演。录制音乐改变了公众聆听音乐的体验，它允许人们将听音乐变成一种个体活动，并探索一大批风格更加迥异的音乐。

录音技术使人感到音乐有形而且便携。由于被录制和存储在唱片、盒式磁带和 CD 上，音乐已成为一种物体。人们可以分享和借用音乐，也能为子孙后代收集音乐。音乐还可以旅行。在国内特定地点进行的现场表演，只有一小群人能听到。与此不同，录制音乐可以被运送到其他很多地方，传播给更多人。

录制音乐有形、便携的特性也有使音乐变成商品的风险。音乐一旦变得可交易，它就具有了商业的一面，这也是 19 世纪早中期音乐家及其工会组织的主要争论来源。艺术家害怕与歌曲疏离，害怕与听众的关系疏远。

有些人还质疑大规模生产的音乐的质量和道德，因为录制音乐减少了现场音乐给人们带来的互动。批评家指出，便携式音乐危及其内在品质。他们认为爵士乐背后隐藏的许多思想和情感都源于居住在城市的非裔美国人。爵士乐的录音将其与源头分离，这使它失去了真实性和意义。

录制音乐引入了另一个现场表演没有的元素，即录制音乐可以随意地重复播放。正如音乐学家马克·卡茨（Mark Katz）所写的，重复播放能力"可能是现场表演和录制音乐之间最不可逾越的鸿沟"。

乐队可以在每场节目中演奏同一首曲子，却无法保证每一

次演奏都完全一样。重复性这一特点改变了音乐家和听众的音乐体验。听众对现场表演有一定的期望，他们也同样期望这些音乐作品的录音符合这些标准。重复的能力抬高了音响技师的身价，也使得音乐家不得不屈从于技术，甚至于对那些控制录音的人也卑躬屈膝起来。

1945 年，《国际音乐家》( *International Musician* ) 杂志的一篇社论生动地捕捉到了这一独特的音乐特征："这种奇特的情况——录音的可重现性，在其他任何工艺或行业都无法获得。一个饮水杯不可能自我繁殖复制，生成许多其他水杯；一间房屋不会生成很多间房屋，而形成一个村庄；一块煤也不会创造出更多煤块。一般来说，一分耕耘，一分收获。任何付出额外劳动的人，都应该会收到额外回报。只有音乐家遭遇不幸：付出的劳动越多，所得越少。"

随着时间推移，现场表演被人们拿来与录音版本相对比评价。这对音乐家往往不利，因为到现场观看表演的人更少了。音乐家们要录一首完美的歌曲时会倍感压力，因为他们知道这首歌会大规模生产和反复播放。他们在录音棚里体验不到多少在舞台上的那种自由。

历史上，技术区分了音乐的产生方式。在现场爵士音乐会上，低音提琴演奏者可以向观众提供 10 分钟的即席演奏，而录制音乐就无法做到这一点。早期的唱片在时间和空间上受限，排除了这种开放式的表演风格。通常地，曲子会被分成多个唱片灌制，这导致了连续性的缺乏。除了长度，音乐家还不得不考虑机器会如何记录和吸纳他们的声音。特别是在录音早期，人的声音以及乐器的声音一经记录就经常地失真。

为了防止这种失真，音乐家要靠改变声音才能适应新录音技术。这跨越了音乐流派，爵士音乐家和管弦乐队几乎都要依照录音参数塑造自身作品。许多音乐家都接受了新技术的限制和好处，并相应地录制音乐作品。录音的限制开始渗透到舞台表演。如果音乐家在录音棚里的演唱被限制在 3 分钟之内，那么他们很快就会在舞台上也把歌曲维持在那个长度。

## 罗斯福总统无法取缔录制的音乐禁令

技术性失业是创新阻力最重要的来源之一。正如经济史学家乔尔·莫基尔（Joel Mokyr）所写，"新知识取代现有技能并威胁既得利益者：技术变革导致那些拥有现有技术资产的人蒙受巨大损失"。如果我们将这句话用到音乐中，很明显就是录音技术的激增导致了现场表演音乐家的失业。美国音乐家联合会的音乐家和领导人主要关注的是由于被机器超越而导致的利润损失。

随着四大唱片公司的音乐录制和传播力量的增强，音乐家们变得更加忧心忡忡。哥伦比亚唱片公司（Columbia）、胜利唱片公司（RCA Victor）、迪卡唱片公司（Decca），以及后来的国会唱片公司（Capitol Records）控制了该行业，并站在批评者的角度，

将音乐从艺术转变成了商业。这些公司通过销售唱片，赚得盆满钵满，而音乐家却逐渐失去了对作品的控制。尽管现有的版权法和惯例有着悠久的进化适应史，却未能为音乐创作者提供应有的保护。

由于唱片技术的进步而导致的就业损失被称为"技术性失业"。事实上，"美国音乐家联合会声称，唱片的无限制商业使用不利于音乐家就业。对此，它经常提及'技术性失业'问题并将矛头指向唱片的单方面重现性和可能对其的广泛使用"。

随着唱片的大规模生产和对现场表演的取代，有些音乐家被迫流离失所，失业人数日益增多。美国音乐家联合会寻求在唱片的灌制过程中更多的控制权和参与权，并希望限制唱片的商业使用程度。

詹姆斯·恺撒·派特里奥（James Caesar Petrillo）是联合会最有声望的领袖之一，他试图规范唱片业。在他看来，音乐家同意灌制唱片就是断自己活路。作为芝加哥市联合会领导人，派特里奥试图限制广播电台播放唱片的次数。1935 年,他"成功地做到了，电台播放一次后就得将唱片销毁。只有在广播电台雇用了一个'备用'的管弦乐队，其现场演出的音乐家数量与灌制唱片的人数量相等的情况下，才允许重复播放唱片"。

派特里奥赢得了几乎所有他在芝加哥联合会发起的战斗，除了一个例外。他没能把教会的风琴师们拉进联合会。一方面，他妻子横加反对；另一方面，即便是最坚定的工会人士要说服教会风琴师入会都可能是一项极其艰巨的任务。禁令导致数以千计的音乐大厅关闭，经济大萧条更是使音乐家的处境雪上加霜。电影院开始采用录制音乐也加剧了音乐家的失业问题。派特里奥仍然坚持不懈，积极地为其成员的利益奔走呼号，这反过来又为他自己树敌无数。他曾指责芝加哥公园委员会说："你们宁肯拿钱去喂养猴子，也不愿意养活一些音乐家！"

在美国音乐家联合会，派特里奥把精力集中于努力增加音乐家在广播电台的就业机会。他在早期取得了一些成功。1938 年，联合会要求主流广播电台都须雇用一定数量的联合会音乐家。符合标准的电台可以相互转让文件和节目，但与没有雇用联合会音乐家的电台合作是不被允许的。经过激烈谈判，各主流电台同意将音乐家的工资总额增加 200 万美元。

但音乐家联合会的胜利只如昙花一现。司法部认为这种待遇违法，因此，配额协议在 1940 年被迫终止。联合会采取的后续行动还包括试图限制唱片在家庭中使用。最后这被证明无效。因为某种商品一旦进入市场，就几乎不可能对它进行全面调节。

随着时间推移，音乐家的失业率稳步上升。音乐家联合会领导人意识到，需要以严厉措施打击电台对音乐的垄断行为。派特里奥的战略"包括（按时间顺序依次为）：到美国劳工联合会的另一个组织——美国音乐艺术家协会（American Guild of Musical Artists）去挖独奏者 / 独唱者和指挥等优秀人才；波士顿交响乐团工会化；最后是禁止所有录制音乐"。

派特里奥用生动形象的语言描述了录音技术对音乐家的影响。他的典型论点是，没有哪个时代像"机械时代，工人被自己制造出来的机器消灭，但当音乐家给录音机演奏时，这就发生在他们身上。卖冰的人没有制造出冰箱，车夫也没有制造出汽车。但是当音乐家把他的音乐放到录音机里后不久，电台的经理就对他说："对不起，乔，我们把你所有的东西都录下来了，所以我们不需要你了。'于是，乔就失业了"。

1942年6月，派特里奥宣布，"8月1日后，美国音乐家联合会的成员不会再为唱片的制作、转录或其他类型的音乐录制而演奏、演唱或指挥"。在其领导下，英国和波多黎各的音乐工会纷纷响应，并开始实行录制禁令和停止向美国运送唱片。音乐家们认为，他们的需求被忽视，他们的生计受到大企业集团和正在发展的技术的威胁。

禁令在整个录音界和广播界以及整个公众中引起了轩然大波。在人们的印象中，电台就是要为社会提供新闻和音乐的。因为音乐在海外冲突中可以提振士气，美国音乐家联合会在战争期间发出这样的禁令让许多美国人感到愤慨。

美国战争情报部（US Department of War Information）也认为，"此项禁令最终会导致小型广播电台的流失（从而不利于重要信息的传播），对战争有害，还会对国防工人和军事人员造成不必要的困苦，因为他们有时需要由餐馆和咖啡馆的自动点唱机提供一些娱乐活动"。在禁令发布后不久的一项民意调查中，73%的美国人要求对音乐家联合会采取法律行动，派特里奥被描绘成一个音乐独裁者。

公众认为联合会提出的一些要求太过分了。例如，它要求广播公司雇用"唱片操作员"，由他们负责播放和翻转唱片并按等级拿工资。在一次国会听证会上，一些政治家质问派特里奥为什么广播电台需要那么多音乐家时，他回答说："因为唱片是用音乐制成的。"他认为，"如果唱片上播放出来的是音乐，那么将唱片放在唱机上的人也应该是音乐家联合会的成员"。

在新闻媒体的帮助下，录制音乐行业利用公众情绪，彻底诋毁了派特里奥和美国音乐家联合会。鉴于当时的政治气候，媒体将派特里奥贬称为"美国音乐之王""音乐沙皇""暴君""音乐上的墨索里尼"和"音乐世界里的希特勒"，并以"小恺撒大帝"嘲笑他的中间名。他是众多令人不快的漫画的主人公。美国音乐家联合会在纽约总部曾展览了 1942 年至 1949 年出版发行的 300多幅反对派特里奥和联合会的漫画。

人们指责派特里奥为其信仰而战，为其代表的承受苦难的音乐家而战。他未能为他开展的运动建立媒体或公众支持。"没有一篇社论讨论机械化对音乐家就业机会的影响，甚至敢于承认派特里奥是 513 个地方分会民主推选出来的联合会的领导人，而所有分会都支持录音禁令。"

联邦政府干预了 1942 年发布的禁令。1943 年，政府要求派特里奥在参议院州际商业委员会面前提供证词。派特里奥将此次

听证会作为论坛表达了他的担忧，申诉了禁令背后的理由。在回答委员会的问题时，派特里奥强调，禁令是广播和录音公司控制与剥削音乐产业的结果。他指出，因为无力与商业和技术进步抗衡，勤勉工作的音乐家的利益被作为广播和录音公司增加的利润而牺牲了。听证会结束时，派特里奥已在委员会面前雄辩地陈述了所有理由，但他同意制订计划以结束录音禁令。

禁令并没有完全打垮录音业，只是阻碍了其增长。在联合会出台严厉措施之前，各个公司就采取行动增加生产和唱片库存量，以备在禁令时期使用。结果，这些公司的唱片足够维持其长达六个月的禁令期间的生产力。此外，广播电台雇用了音乐家联合会之外的音乐家上节目。

为了结束这场争论，音乐家联合会向录音公司提出了一项建议。录音公司应为联合会成员音乐家制作的每张唱片向联合会支付版税，根据每张唱片的成本设定价格。联合会将用这些版税创建录音和转录基金，以支持失业的音乐家。

基金成为音乐家联合会的重要组成部分。在协议签订后的头三年，基金累计募集到 450 多万美元。在禁令结束两年后，联合会公布了"录音和转录基金支出的第一项计划"，其中包括一套详细的规则，规定了哪些人有资格获得资金，还附了一张示例图以表明资金是如何分配的。资金被用于支持音乐家，也被用于在学校、公园和其他公共场所举办的 1.9 万场免费音乐会。

不是所有主流录音公司都同意协议的条款或想作出贡献。迪卡唱片公司是第一家赞同音乐家联合会建议的大公司，还有其他许多小公司也表示赞同。哥伦比亚唱片公司、胜利唱片公司以及美国全国广播公司的转录部门继续持反对态度。结果是，尽管有联邦战时劳工局和罗斯福总统本人参与，罢工仍在继续。争论双方都不愿意屈服。

1944 年 10 月 4 日，罗斯福总统写信给派特里奥说："在一个热爱民主政府、热爱竞争规则的国度里，争端各方应遵守委员会的决议，即使其中一方可能认为决议错了。因此，为了政府的利益和尊重委员会深思熟虑后作出的决议，我请求您的工会能接受国家战时劳工委员会下达的指令。为了国家的大利益，要暂且牺牲您的个人小利益了。"

在国家战时劳工委员会和罗斯福总统的努力无果后，国会的听证会在增强对派特里奥和音乐家联合会的负面看法上起到了关键作用。

1942 年 8 月 5 日，《纽约时报》上的一篇社论指出，"当派特里奥以为，如果他禁止了广播电台和餐馆播放唱片，人们就会去请管弦乐队和乐队的话，那他就大错特错了"。这篇社论声称，禁令的影响只会减少音乐。

另一方面，《国家民族政坛》杂志说，由于技术进步，音乐家联合会即使采取禁令"也不会将音乐家恢复到自动点唱机出现之前的地位。三流音乐家已经变得像印第安人一样过时了。尽管詹姆斯·恺撒·派特里奥对此有着强烈的自信心和坚韧不

拔的精神，但他无法抹去这一事实"。

随着时间推移，反对协议的公司开始感受到禁令的经济影响后，它们与音乐家联合会签署了协议。到 1944 年 11 月，紧张局势暂时缓和，第一次全国性录音禁令结束。1948 年，联合会着手组织了另一次罢工。这一次是因为出台的《劳资关系法》剥夺了录音和转录基金的法律保护。罢工以一种妥协方式结束，它涉及一些新制定的条款，促使音乐演奏信托基金（Music Performance Trust Fund）成立。

## 禁令反而成为创新的发动机

在很大程度上，1942 年的禁令只是音乐技术演进史的一个小插曲。但它形成了两大重要趋势，也是一个重要时刻。首先，禁令的直接影响与新音乐流派的出现密切相关。音乐录制行业的反应是鼓励新的变化，特别是爵士乐的创新。其次，发展源于技术多样性。它使新行业层出不穷。总体上，音乐行业的转变对于那些继续努力谋生的音乐家没什么益处。

在录音禁令发布前的几年里，爵士乐经历了变革。开始于30 年代末，并延伸至 40 年代，爵士乐的比波普（Bebop）风格开始盛行。比波普采用"一种更复杂的节奏感觉……不是来自平稳的四分音符的舞蹈节拍，而来自添加了八分音符和十六分音符的和声或和弦，产生出灵活多变的即兴演奏"。这挑战了传

180

统意义上的节奏和即兴的概念。

唱片公司和广播公司的主要目的是赚取利润。企业高管想要生产的是能卖钱的唱片。为了跟上当今流行文化的脚步，他们根据公众想听的内容来生产唱片。大多都是民谣、流行曲和大乐队演奏的音乐。各大唱片公司很高兴销售他们知道会获得丰厚利润的东西，反过来，他们不愿在爵士乐上投入大量的金钱和精力。

在录制唱片方面，爵士乐受到了战时物资短缺的不利影响。"除非唱片迷们即刻群起而发出响应，否则除非意外情况，人们不会再出更多好的爵士乐唱片。由于虫胶短缺，唱片原料需要节省使用，唱片公司的高管们因而变得极端保守，这意味着他们不再出年轻乐队的唱片，不再出'摇篮曲'，也不再有任何开创或实验。……所有的公司都在致力于为排行榜上的或者预备成为排行榜上的曲子出唱片。"

不同社会阶层的人可以自行购买唱片或在收音机上收听音乐。照此做法，1942 年的录制禁令激励了较小的录音公司打破受精英控制的唱片业。鉴于哥伦比亚唱片公司、胜利唱片公司、迪卡唱片公司以及国会唱片公司等"四大"唱片公司一度垄断该行业，禁令让一些小公司得以崭露头角。

具体说来，1943 年派特里奥提交给各唱片公司的协议是为了结束禁令，不承想却触及了唱片的垄断问题。在禁令发布后的几天里，只有迪卡公司宣布与音乐家联合会签订协议，而其他大公司则拒绝妥协。这为小唱片公司提供了前所未有的机会，它们和

联合会签订协议并成为唱片市场的活跃分子。在这期间，唱片的需求激增，一些公司在美国各主要城市投产运营。

换言之，"任何有点钱又有闲工夫的人都想投资唱片业"。虽然禁令发布前就控制了大部分生产的大公司坚决拒绝签协议，但小公司趁机利用迅猛发展的市场，大打翻身仗。

大体上，唱片企业的增加和分散对比波普和爵士乐是积极的影响。由于大唱片公司主要专注于制作能产生最大利润的音乐，新公司则能够关注人们对唱片的需求，专注于不同流派的音乐，如爵士乐。

禁令对爵士乐的创新影响巨大。它为较小的、以出爵士乐唱片为主的公司奠定了蓬勃发展的基础。爵士乐继续成为美国主流音乐的一种独特而又有些晦涩的音乐风格。即便如此，越来越多的唱片巩固了爵士乐在社会上的地位，并为它提供了创新成长的机会。

禁令也引起了乐队性质的重大转变。大乐队的时代即将结束。在罢工期间，歌手们开始占据舞台中心并逐渐比其他乐队成员更加突出。这种转变随后导致了对当代歌星极端的吹捧，而乐队相应地降为幕后支持的角色。这些变化还伴随着整个音乐活动链中彻底的技术创新。

与只是反对新技术相比，这两次罢工有更大意义。这些"斗争需要被理解为是有组织的活动，它对新的、占主导地位的音乐制作经济的建立进行了严重的干预和抗议。这种经济基于录音，而非音乐表演"。它挑战的不是"某一种特定的技术或设备，而是通过控制音乐的生产和再制作取代音乐家的特定的技术－文化集合。显而易见，这些罢工涉及在美国流行音乐制作方面的条款、方式和目标的斗争"。

当然，我们不能将所有的改变都归因于音乐家联合会的作用。行业创新的内在动力改变了音乐产业的社会组织，挑战了联合会的权利。与此同时，录音业日渐成熟，并面临着自身知识产权问题的挑战。在禁令发布十年后，美国录音业协会（Recording Industry Association of America）成立，其最初的使命是管理唱片版权费、处理挑战并与联合会合作，研究唱片行业和政府法规。

该协会的创立标志着为录音产业建立支持性组织的重大转变。它代表着人们对录制音乐作为经济风景的新特征的认可。音乐家联合会要解决的许多关于技术性失业和保护原有利益的问题都交给了录音业协会解决，但后者处于技术快速变革的不同时代。

## "创造性毁灭"与"破坏性创造"

在点燃人们对录制音乐的关注方面，人们对技术性失业的焦虑起到推波助澜的作用。对裁员的恐惧仍是人们关注新技术的最重要原因之一。虽然很多焦虑被夸大了，但失业的威胁是真实的。

然而经常被忽视的是，新技术在别处创造了新的经济机会。技术的更新换代是数字世界里一个持续不断的特征。它清除了一些主流行业，但又创造了一些新行业。例如，唱片已经让位于其他形式的媒体存储器。这种转变也改变了就业的性质。录制音乐的案例为决策者提供许多经验教训。

**第一个经验教训是录制音乐对社会的益处不能仅通过业界直接雇用的音乐家数量评估。**

录制音乐使音乐流派多样化成为可能，并让公众易于获取音乐。这些流派的演变与磁性设备到计算机的各种录音技术有关。然而，录制音乐的益处还包括音乐行业和广播行业的进一步整合。

但更为重要的是，录音部门显著的技术多样化和更新换代的特点。意义最重大的例子是从磁带录音机过渡到 DVD 再到在线下载。新技术的兴起创造了次级行业和技术开发的新分支。1979年，日本的索尼公司推出的一款便携式录音机（Walkman）激发起广泛的相似性技术，最终于 2001 年，苹果公司发布了标志性的 iPod。随后的新一代可穿戴技术，大多出现在与音乐无关的领域里。

**第二个经验教训是技术进步在多大程度上扩大了创造性的范围，包括合成音乐。**

这样的发展不一定是禁令的直接结果，而是技术演变的一般性结果。这个案例的主要信息是，录音技术使文化景观的许多方面都发生了革命性的变化，而仅仅关注音乐家的影响是无法预料到这种变化的。它将作为与音乐部门有往来互动的新产业的平台。最后，录音技术有助于提高社会的创造潜能，而且其商业影响还在。

**第三个经验教训是法律冲突在知识产权上的作用。**

这由音乐文件共享公司 Napster 及其转让体现出来。进入 21 世纪之际，Napster 崛起成为一个开拓性的点对点的文件共享互联网服务公司，免费提供共享音乐音频文件。在成立后不久，Napster 公司就被起诉侵犯版权。

2001 年，Napster 关闭其业务以遵守法院禁令，并同意向版权所有者和音乐创作者支付 2 600 万美元，用于支付过去未经授权而使用的音乐。它还提前支付了 1 000 万美元，用于未来的许可使用费。

在法庭审理期间，Napster 公司说它开发的软件可以阻止 99.4%的被识别的侵权材料的转移。法院驳回了这一提议。这促使观察员们认为，如果 99.4%不够好，那么案件更多的是一场关于文件共享的战争，而不是版权侵犯。

Napster 公司作为现有产业"破坏性创造"的来源，诉讼案隐没了对它的更深层次的关注。它只是将价值转移给了新的受益人而已。Napster 公司预示了音乐唱片时代的结束："录音的科学再不像以前那样遥不可及、神秘莫测和令人畏惧了。多亏了技术，魔法终于从罐中逃脱。"

魔法逃脱的部分原因是不涉及现场表演音乐家音乐创作的

新技术的发展。许多这种能力现在都体现在基本的计算机和软件中，人们因此更容易制作自己的音乐而不使用任何乐器。技术也使更多人成为创造者，这在以前是不可能的事情。这些发展也带来了包括开源运动在内的共享创作的新规范。

**关于技术创新和音乐制作之间的争论的第四个经验教训，是了解有组织的劳动者的反应的重要性。**

在许多情况下，对一个群体看起来是积极的"创造性毁灭"，却被其他人视为对社会没有明显益处的"破坏性创造"。因此，管理这种技术的转变需要更好地理解其性质、分布和对经济繁荣的影响。鉴于当今技术创新的全球性，这显得尤为重要。

迄今为止，还没有有效的国际机制在全球层面上管理新技术对福利的影响。因此，各国将继续被诱惑着想办法保护其产业免受技术的干扰。在这方面，新技术的紧张局势将日益全球化。在国际贸易谈判中，诸如技术包容性等福利问题将成为更重要的一部分。目前，提交给世界贸易组织的许多贸易争端都对技术创新的福利影响有更深层次的关注。

**最后一个经验教训是，禁令或限制反而变成刺激新技术及其相关创新多样化的动力。**

禁止录制音乐的努力保证了工会的暂时利益，但也导致了为音乐家寻找出路的尝试。为了战胜禁令，录制音乐行业以新的方式进行了重组。录音技术本身充当了扩大人类创造力的平台。通过让音乐更广泛地传播，它帮助发展了一些有潜力的演员。这种趋势将引发与行业集中化相关的挑战。

艺术家和技术之间的关系持续演进。泰勒·斯威夫特的案例展示了成功的艺术家如何通过新的商业安排阻止其音乐上市，从而影响企业战略。部分原因是，威胁到一些音乐家的技术，同时也是成功者的力量和影响力来源。

值得注意的是，斯威夫特试图代表不太有影响力的艺术家的利益，从而几乎发挥了过去工会组织发挥的作用。音乐是人类生存的基础，随着新的技术和商业模式的展开，它还将成为新的紧张关系的源头。

# CHAPTER 7

## 第7章

当代农业的爱恨胶着：转基因作物

WHY PEOPLE RESIST NEW TECHNOLOGIES

长期称霸全球农业的欧洲老牌化学企业，对化学农药技术严防死守，生怕被其他地区的竞争对手窥见一斑。尽管他们先发明了转基因生物农药技术，却将其捂在实验室里，原因竟然是，生物农药会迅速颠覆现有的化学农药的技术优势。

在无法逾越的欧洲企业后面，激进的孟山都公司独辟蹊径，与大学合作研发，摇身一变成为全球领先的生物技术公司，而中国化工集团则斥资 400 多亿美元收购先正达，收获的不仅是技术，更是不可逆转的时间。

我无法理解人们为什么会恐惧新鲜的思想。我恐惧旧的。

——约翰·凯奇（John Cage）

　　向可持续性农业过渡依然是全世界面临的最紧迫的任务之一，这种过渡对环境与人类健康大有裨益。目前，大规模食品生产以农业为基础且多数严重依赖杀虫剂，以除掉害虫和可能对水果和蔬菜造成大面积损伤的其他有害物。在全球范围内，杀虫剂的使用一直是环保方面广泛争论的主题。

　　为了应对这一问题，科学家们借助新的基因工程技术，减少杀虫剂的使用量，且可以控制虫灾。这项技术向作物基因链添加新基因，使作物自身能够合成杀虫剂。这项技术既扩大了粮食增产的可能性，又可以减少农药对环境的影响。

　　它正在实现蕾切尔·卡森在她环保主题著作《寂静的春天》描绘的那种新兴的环境景象。她把这种技术看作是一种"真正意义上非同凡响的、以化学控制虫害的替代品……有些技术已经投入使用并取得了辉煌成果。有些技术仍正处于实验室测试阶段。还有一些技术仍徘徊在富有想象力的科学家的大脑中，等待着验证机会"。她写道，这些技术都是"基于他们对试图控制的生物及其所属生命的整体结构的理解而采取的生物手段"。

比利时人马克·冯·蒙塔谷是基因工程先驱者之一，他在品尝了近 20 年的抗害虫转基因作物研究的酸甜苦辣后说："我居然仍然不敢相信，我们在有关植物的生长、发育、抗逆性、开花和生态适应性的分子基础知识方面，取得了如此迅速又深入的进步，这都要归功于基因工程技术。这些进步让我感到欣喜，但也令我沮丧，因为在改善作物和发展全球可持续、优化高产的农业方面，我们仍然面临着诸多困难。"

本章以欧洲和美国等主要粮食出口国之间的贸易纠纷为例，展现新技术与现有农业体系之间针锋相对的关系。与本书其他案例不同，关于转基因作物的争论案例发生在世贸组织管理的全球化贸易体系的大背景下，并从一开始就上升到了国际层面。因此，各国政府通过联合国主持下的外交谈判寻求分歧的解决。

## 领先的停滞者：欧洲化学企业

转基因作物的案例印证了熊彼特的观点，即技术创新的过程是跨越式的。更为重要的是，技术创新伴随着利益和风险的巨大

不确定性。这些不确定性划定了与转基因作物未来风险相关的争论范围。

本质上说，这些限制条例的颁布都基于转基因危害的可能性，而缺乏确凿证据。随着时间推移，转基因作物危害（危险）的潜在性被当成危害发生的概率向公众公布。针对转基因的新法规首先假定，已被发现的风险将会给环境、发展中国家的农民和人类健康带来灾难性后果。只有当人们熟悉了这项技术，并积累了足够多的证据，我们才可能重新评估最初制定国际生物安全规则时的前提条件。

本章不打算重现这场争论并偏袒某一方，而是概述这场争论的动态变化，以作为其他技术争议可借鉴的经验教训的证据。

转基因抗虫害作物的出现提供了大幅度提高粮食产量的解决方案，应对不断增长的全球人口数量的同时也最小化了农药、化肥等外部补充剂的使用。此技术的一项应用是在作物基因链上添加来自普通土壤细菌苏云金芽孢杆菌（Bacillus thuringiensi，以下简称 Bt）的基因，使其产生能够杀死某些害虫的 Bt 毒素，它被广泛应用于化学防治的替代物。这项应用制造出了可以让种植非转基因作物的农民使用几十年的 Bt，且它是被批准使用的农药。

该技术开发于人们高度关注农药对生态和人类健康的影响时期。在世界各地，许多民间组织反对使用化学农药。研发人员认为，以产生 Bt 毒素的转基因作物控制害虫是解决环境问题的潜在方案。但 Bt 作物的商业化进程却遇到了世界各地的政府、环保团体、消费者组织和学者的普遍反对。尽管 Bt 作物具有较高的经济、健康和环保效益，但反对之声仍不绝于耳。

在过去 20 年里，转基因作物已经彻底改变了全球农业的大部分面貌。与这一过程相关的论战进行得如火如荼。早在 30 多年前，比利时和美国科学家就已成功证明，一种植物可以表达另一物种基因的可能性。即使这一技术有明显的农业应用潜质，但它转化的经济效益并不显著。然而，当科学家和政策制定者开始思考平台技术的广阔应用场景时，技术的经济效益就显而易见了。

全球食品安全关注度逐步提高，粮价不断上涨，人们随之加快步伐，寻求农业能够满足不断增长的人口需要的技术。同时，随着时间推移，应对气候变化和资源保护所带来的挑战也为农业创新增加了动力。

全球食品安全面临着不可计数、千变万化的阻碍，需要尽可能多的技能、技术应对各种挑战。化肥和农药的引入本身就是一种改变粮食生产和商业化农业的革新。经年累月，农用化学品和相关企业已成为现代农业系统的必不可少的组成部分。随着农药的引入，一个庞大的农药产业逐渐成形。试图努力让新耕作系统远离杀虫剂的人们，不得不应对更加广泛的社会技术惯性。

农药主要分为三大类：除草剂、杀虫剂和杀菌剂。不同剂量的农药被应用于几乎所有种类的农业。农药的引入，提高了农业产量和生产力。但如果使用不当，这些农药会给健康和环

境带来广泛的副作用。

20 世纪，化学农药走上了历史舞台，并且逐步成为应对害虫的主要手段。这主要是由于它的高效和便利。这些农药被研究机构、政府部门和私营企业等组织组成的新联盟推广开来。新的全球共识对科技在解决农业挑战方面的作用相当信赖，农药从这一共识中受益匪浅。依赖农药的农业系统遍地开花，构成了当时的制度结构。从培训农民到建立市场基础设施和政策，许多机构得以发展起来，以满足农药主导的传统农业的需求。

农业系统逐渐习惯了对农药的依赖。农民、推广部门、农业政策和研究机构都要依靠农药生存，因此，他们都会支持农药的使用。各方都拒不接受变革，使得新兴技术难以立足。例如，抗病小麦在比利时之所以推广缓慢，是因为其在粮食生产链上的农民、供应商、决策者等环节遭受的阻力，而不是其自身性能不佳。

居于主导地位的小麦系统围绕着有利于化学农药应用的系统而构建，且现有企业使新加入者和新技术（如抗病小麦品种）难以改变现有的粮食种植办法。私人利益相关者可以通过三种方式影响作物保护措施：内部偏见有利于农药供应公司而不是种子的销售；供应商销售人员对农用化学品应用的偏见；种子公司没有优先重视病虫害抗性育种。

公共农业和推广服务业影响着农民对农业技术和惯常做法的选择。人们努力改进现有系统而不是取代它们，而应用科学和政策研究人员则倾向于关注现有种植系统。公共农业推广官

员在为农民和政策制定者提供咨询时，他们会受到自己对现有
技术力量看法的影响。政府法规还倾向于对新技术施加更高的
安全要求，以强化现有农业实践。

在政治层面，农业支持计划强化了现有农业系统。以欧洲
农业为例，农业补贴是有关各方巩固现有实践的最有力的经济
和政治工具。

1962 年，欧盟出台了《欧洲共同农业政策》（*European
Common Agricultural Policy*），这是强大的经济和政治力量驱动连
续性和惯性的例子。例如，"《罗马条约》（*Treaty of Rome*）第 39
条包含了对农业支持的承诺和目标。这确定了 1958 年斯特雷萨
会议议程，并有力地限制了随后协商拟定的《欧洲共同农业政策》。
特别是，提高农业生产力和支持技术进步的雄心大大影响了把高
价格作为支持的主要手段"。

转基因技术出现的时机也是人们就其安全使用问题进行争论
的重要部分。苏联解体为欧盟（包括前东欧国家）扩张打开了大门。
这不仅表明，东欧地区是美国产品潜在的大型新市场，而且还提
供了将欧洲农产品贸易扩展到该地区的机会。

在一些东欧国家以及希腊对欧洲共同市场的潜在贡献中，农
产品占了很大一部分。来自美国的廉价农产品引发的竞争，直接
威胁到欧洲进一步向东扩张其经济和地缘政治的愿望。换而言之，
全球化威胁着欧洲的政治身份。这些政治环境给谨慎的、优先的
经济自由化提供了选择机会，使得这些新独立国家没有完全暴露

在全球竞争或欧洲国家之间的竞争之下。

整个 20 世纪，欧洲成为世界领先的化学强国。一些化学企业凭借其在化学方面的能力，建立了它们独特的核心竞争力。因此，它们是高度稳定的，并且由它们的核心技术加以限定。这些企业对新技术的兴趣集中在它们有市场支配力和占据先进技术实力的领域。它们的研究和发展计划也侧重于加强其产品的专业领域。在农药生产领域居于领先地位的企业倾向于在同一领域开展研究。

继承现有技术的后果之一是欧洲化学品企业之间新产品开发的速度缓慢。人们预计，新产品将与其核心化学品、同源的平台相关联。为了在新的生物技术领域有效地开展竞争，欧洲的一些企业需要获取生物学方面的知识。但"它们的内部技术文化及其外部联系是以化学为基础的。它所需求的变化要求是将新文化嫁接到早已根深蒂固的内部传统，并在生物科学上建立新的联系和根基"。

该战略确保了欧洲企业在各种农用化学领域的市场居于主导地位。但这也使它们更加容易受到来自新技术平台（如重组 DNA 技术）的新竞争产品的干扰。鉴于把范围扩大到像基因工程这样的新技术有困难，即使这种策略最初在欧洲（比利时）崭露头角，但欧洲企业还是延迟了采用时间。当欧洲企业采用这种策略时，它们选择投资美国小型的、专门化的生物技术公司，并希望随着时间推移，它们可以获得知识，并将知识融入到它们在欧洲的业务中。这些企业主要采用了两种途径。

首先，它们依靠在北美的研发前哨"与美国的学术基地建立联系，并经常把它作为给本土研究人员提供教学的手段"。

其次，它们依靠与美国专门化的生物技术公司的研究合作，了解美国市场动态和相关研究，从而间接从中受益。这也为企业在采用该技术之前，提供了进行规避风险和测试技术鲁棒性的方法。这种联系是否成功，就是"通常通过后来的获得物"加以判定。这确实是一种风险战略，其成功取决于欧洲企业将知识转移回本土的能力。因此，接近美国大学研究的最前沿，就能与处于行业领先地位的生物技术公司保持联系。

## 孤注一掷的孟山都

转基因作物的引进与加强抵制农药的社会运动同时发生。人们普遍关注杀虫剂对健康和环境的影响，这引起了人们对良性杀虫剂的浓厚兴趣。作为一种更为良性的生物杀虫剂，Bt 细菌再度得以使用，甚至比蕾切尔·卡森在《寂静的春天》传播的杀虫剂生态恐惧都出现得更早。

Bt 的杀虫性质早在该细菌被确定身份之前就是已知的。有研究表明，Bt 孢子可能早在古埃及就曾经被使用过。1901 年，日本生物学家石渡繁胤（Shigetane Ishiwatari）在研究家蚕枯萎病时，成功分离出该细菌，他称之为猝倒芽孢杆菌。

十年后，恩斯特·贝尔林纳（Ernst Berliner）在德国图林根省的一个面粉厂发现了地中海粉斑螟（Ephestia kuehniella）患病幼虫，并从中分离出这种细菌，命名为 Bt。

1938 年，Bt 作为抗蛾幼虫的微生物农药，被首次使用。第二次世界大战前，这种生物农药已开始在市场上销售，被菜农用于控制毛虫数量。这种生物农药有选择地针对几种物种，而不会伤害到瓢虫、草蛉等有益生物，这使其人气大大提升。二战过后，合成化学成为新型农药最主要的来源。但随着害虫抗药性的出现以及新化合物发现率的下降，科学家开始关注生物农药的害虫防治解决方案。

蛋白质暴露在阳光和湿润的空气中会迅速分解。这种特性限制了 Bt 的应用范围。二战前，农药不像二战后使用得如此广泛。在使用农药一段时间过后，害虫会对合成化学品产生抗药性，需要使用其他农药。

Bt 之所以受到青睐，主要是因为它是一种完全不同的、特效的解决文案，而不是因为它是一种生物的、必然的或毒性小的产品。新制剂配方减轻了其受到光和水影响而分解的程度。

通常在几天内，Bt 毒素会降解失效，因此需要多次喷洒。20 世纪 60 年代，科学家开始探索识别和选择针对虫害防治的特定蛋白质的方法。将 Bt 蛋白基因转移到作物本身不啻为一种很好的解决方案。"在转基因作物体内，Bt 毒素不断合成，且是受保护的元素。因此它保留了在整个生长季节杀死害虫的能力。此外，该毒素通常会在植物的所有部分得以表达，包括难以局部施药保护的内部组织。"

从 20 世纪 90 年代初开始，许多私营企业进入 Bt 市场，利用公众对农药的恐惧，重新唤起人们对 Bt 的关注，因为它能更安全地杀死破坏作物的病虫害。

第一家以生产 Bt 为主的私营企业为促进生物农药行业发展铺平了道路。合成化学开发的农药的花费高达 4 000 万美元，而基于生物化学的生物农药只需要花费 500 万美元。将新的合成化学农药推向市场的过程需要 12 年，而生物农药只需要 3 年。

雅培（Abbot Laboratories）、美国氰胺（American Cyanamid）、巴斯夫（BASF）、卡法罗（Caffaro）、伊科金（Ecogen）、迪卡尔布（DeKalb）、帝国化工（ICI）、米克金种子（Mycogen）、诺和诺德（NovoNordisk）、罗门哈斯（Rohm and Haas）以及山德士（Sandoz）等领先的农业公司纷纷进入 Bt 市场。它们集中在鲇泽亚种、以色列亚种、库尔斯塔克亚种和拟步行甲亚种四个主要的 Bt 亚种。所有这些亚种都包含相关的蛋白质，对特定组的鳞翅目或鞘翅目有害生物具有影响。

到 1992 年年初，美国已有超过 200 万英亩土地施用 Bt 生物农药，涉及 57 种农作物。Bt 越发流行、环境意识不断提高以及将生产方法转向生物和有机过程的呼声相一致。

在 Bt 使用量增长的同时，作为减少对合成农药应用依赖的一种手段，有机农业的概念也被普及。与人们普遍的看法不同，

有机农业允许使用一长串被认可的物质，包括许多"天然"杀虫剂，其中一些有相当大的毒性。这里面就有衍生自硫和铜的杀真菌剂。有机农业还使用被认可的油基农药。

现在已停产的鱼藤酮杀虫剂曾被认为是安全的，因为它提取自植物。但研究表明，它会导致大鼠表现出类似于帕金森病的症状。有些农民更喜欢全面、综合的虫害管理策略，包括轮作和劳动密集型农作物栽培。当使用 Bt 的转基因作物被引入时，不同方法有助于为解决随后发生的冲突铺平道路，特别是在新千年的美国。

只有在科学界对基因有了更好的理解的基础上，转基因作物才有可能得以更好地发展。遗传转化可直接提供大量的以前植物育种者无法获取的有用基因。遗传工程允许在单个事件中同时使用几种理想的基因。应用转基因研究，如常规作物育种，旨在有选择地改变、添加或删除特定性状，以提高生产力。它还提供了一种可能性，就是从密切相关的植物引入理想的性状而不包括不需要的基因。

1985 年，比利时的植物遗传系统公司（Plant Genetic Systems）开发了携带 Bt 的第一代转基因植物。1996 年，第一批携带 Bt 的作物得以商业化。今天，对害虫有抗性的基因已经插入玉米、棉花、马铃薯、烟草、水稻、花椰菜、莴苣、核桃、苹果、苜蓿和大豆等作物的基因。通过破坏害虫消化道细胞膜的渗透性，使昆虫停止进食，继而死亡，Bt 的 Cry 毒素①可以有效对抗棉铃虫、玉米螟、欧洲玉米螟和水稻螟虫等害虫。

Bt 棉花的早期成功使得美国、中国、印度和阿根廷这四个主要棉花种植国开始迅速种植。2001 年，这种转基因棉花在美国、澳大利亚和一些发展中国家开始商业化生产。印度在 2002 年正式批准销售转基因棉。

2014 年，转基因棉占美国棉花总产量的 96％。2010 年的一项研究结果表明，种植转基因棉增加了中国农民的收入，减少了化学品的使用。2014 年的数据显示，1997—2013 年，农民收入增加了 162 亿美元，仅 2013 年就增加了 16 亿美元。

在采用转基因技术的过程中，最重要的事件就是孟山都公司的出现。该公司是转基因技术领域的全球领导者。与欧洲化学品公司采取的增量战略相反，它采取了更为激进的方法：首先将自身彻底改造为具有该领域内部专业知识的生命科学公司。为此，它采取了以下措施：

1. 充分利用系统搜索的外部资源知识（这有助于公司不被锁定在一个狭窄的网络，而是充分受益于网络的灵活性）；

2. 具备内部研究组织强大的一致性和整合能力。

---

① Cry 毒素（cry-type toxins），苏云金芽孢杆菌产生的杀虫 Cry 毒素被广泛地运用于转基因作物害虫的有效防治。在 Cry 毒素家族中，Cry 毒素的三维结构域，引导它们自然进化，并产生大量结构和行为方式相似，但在不同的昆虫中表现出不同特异性的 Cry 蛋白，同时 Cry 毒素家族也是对昆虫特异性分子研究的基础。

创新进化史
Innovation And Its Enemies
WHY PEOPLE RESIST NEW TECHNOLOGIES

孟山都公司的战略涉及与圣路易斯市华盛顿大学的一个研究实验室的合作，"合作成果包括申请了一项核心专利和发表了许多科学论文。该项专利为植物生物技术的商业化开辟了一条光明大道。该专利（于 1985 年 10 月提出申请）是植物生物技术上的一个重大突破。因为它证明了植物可以通过该特定病毒的外壳蛋白基因的表达获得对（烟草花叶病毒）的抗性"。一些生命科学组织与孟山都公司签订了广泛的协议，以支持它完成转变。

这些发展发生在一个科技竞争激烈的时期，因此，人们很大程度上都是站在全球市场的国家战略角度看新兴的平台技术。微电子的兴起和新的亚洲经济体的出现，加剧了人们对美国新兴技术支持政策的担忧。

20 世 纪 90 年 代 初，美 国 国 会 技 术 评 估 办 公 室（US Congressional Office of Technology Assessment）指出，虽然新兴科学还处于初始形成阶段，但它被誉为"革新了科学家观察生物的方式，如若研发出商业化产品，可以极大改善人类和动物的健康，增加食品供应和提高环境质量"。

国会技术评估办公室强调了生物技术的民族特征和全球意义："主要在美国实验室开发的生物技术，许多应用现在被世界各地的公司和政府视为几个不同的、看似种类完全不同行业的经济增长的必要条件。"欧洲国家完全意识到了生物技术的这种潜力，并正在寻找能够使他们利用技术促进全球竞争力的战略。

这一产业重组通过将技术力量整合和集中在一些大型企

业手中，促成了孟山都、杜邦和先正达等全球生物技术公司崛起。少数几个公司的优势后来遭到某些民间社会团体的诟病。这些担忧包括如果大学与产业有更密切的合作，研究人员会丧失自主权。这种密切合作被认为有助于提升美国生物技术产业的竞争力。

但是也有人担心利益冲突以及公众对大学的生物技术研究人员的不信任。私营企业在植物育种方面日益占据主导地位，这也对发展中国家获得生物技术的能力造成了相当大的障碍。不论研究是由公共部门还是私营部门开展的，对手构建的对生物技术的大财团控制的看法持续存在，并成为生物技术采用的主要障碍。

尤其重要的是，需要注意这些公司采用了不同的企业技术开发方法。孟山都公司不再重点开发化学、饲料和其他平台，它们最终专注于遗传学。其他大型公司对于生物技术的投资组合则要慢得多。因此，孟山都公司脱颖而出，成为农业生物技术革命的象征。它从准确的定位中获得了大部分收益，但也招致了大量公众迁怒于它并对它妖魔化。

## 在质疑中，谋求技术领先

监管不确定性从一开始就困扰着遗传工程，但科学界在许多情况下通过自我调节，解决了这些问题，了解了遗传工程对

公众和科学的潜在危险。

1973 年,赫伯特·博耶(Herbert Boyer)和斯坦利·科恩(Stanley Cohen)开发了基因克隆技术,遗传工程的变革力量很显然是从这个时候开始发威的。

两年后,1975 年的阿西罗马(Asilomar Conference)重组DNA 技术会议的参与者呼吁自愿暂停遗传工程,以允许美国国家卫生研究院制定安全和防止可能遭受风险的实验。通过积极主动的出击,科学界承担了设计安全准则的责任。这些安全准则以最佳可行的科学知识和原则为指导。科学家们启动了将基于科学的风险评估和管理系统,将其应用于遗传工程发展的后续阶段。

1984 年,美国白宫科技政策办公室提出采用生物技术监管的协调框架。该框架于 1986 年被采纳作为关于生物技术产品的联邦政策。政策重点是确保安全,而不给新兴产业造成新负担。这项政策基于三项原则。

首先,它侧重于遗传产物,而不是过程本身。其次,它基于可验证的科学风险。最后,它将转基因产品与其他产品并列,这使得它受现行法律制约。有关食品安全的事项已转交给食品和药品管理局,而与环境有关的事项归入环境保护署。美国农业部负责调控转基因作物的农业问题。

1987 年,美国国家科学院(US National Academy of Sciences)制定了将转基因生物引入环境的准则。这是基于科学监管原则发展的又一个里程碑。为这个问题提供咨询意见的委员会得出了两

个根本性结论。首先，它没有发现任何证据表明"在使用 R-DNA
技术。或在不相关的生物之间转移基因时，存在独特的危害"。
其次，"与引入 R-DNA 工程生物相关的风险，与引入环境的未改
性的生物体和通过其他遗传技术生物改性的生物体的那些风险属
于同一种类。"

同年，美国国家科学院单独就农业生物技术全球竞争力的战
略重要性提供了建议。1989 年，美国国家科学院开展过一项对转
基因作物的田间测试的研究，这强化了基于科学的风险评估方法。

基于科学的紧急管理制度有三个重要因素。

首先，它建立了一种制度，是基于产品的特点，而不是根据
产品的开发过程考虑转基因产品。其次，监管体系采用逐案审查
法，根据所进行的修改类型，插入基因的生物体以及生物体的引
入环境，对每个转基因生物体的风险进行评估。最后，通过采取
危害识别和风险评估，以数据为基础的方法，处理人类健康影响、
农业影响和环境影响的现有监管机构被认定为具有足够的监管权
威，不需要专门针对重组 DNA 技术及其相关产品制定新法律。
技术进步和监管机构的平行发展使美国领先于其他国家，促进了
转基因作物的开发和商业推广。

美国力求通过经济合作与发展组织（Organization for
Economic Cooperation and Development）以及世界卫生组织、粮
食和农业组织（Food and Agriculture Organization）等联合国机构
使基于科学的管理办法国际化。基于科学的监管原则符合《关税

及贸易总协定》(*General Agreement on Tariffs and Trade*)及其继
承者：世贸组织的国际贸易规则。

关于农业生物技术的辩论侧重于国际转基因食品贸易。通过
《联合国生物多样性公约》(*UN Convention on Biological Diversity*)
解决差异性的尝试，主要涉及转基因生物的环境问题。

具有讽刺意味的是，20世纪90年代末期关于生物技术的讨
论侧重于其解决发展中国家需求的潜力。各国政府协商后签署了
《生物多样性公约》。该公约包括关于发展中的生物技术潜在作用
的规定。但并非所有国家都支持这一规定。1992年，里约热内卢
地球问题首脑会议通过的《21世纪议程》(*Agenda 21*)广泛关注
发展中国家在农业方面生物技术的有益潜力。

《生物多样性公约》为2000年1月20日通过的《生物多样性
公约卡塔赫纳生物安全议定书》(*Cartagena Protocol on Biosafety
to the Convention on Biological Diversity*，以下简称《协定书》)铺
平了道路，因为各国政府在此之前进行了艰难的协商，最终达成
了一致意见。

《协定书》的中心原则是，如果各国感到生物多样性可能受
到威胁，即使没有确凿证据表明产品是有害的，"预先防范办法"
也会授权政府限制将它们释放到环境中去。该方法的一个主要特
点是：它会反转举证责任，并通过呼吁开发技术的那些人实施逻
辑上不可能证反来承担责任。

《协定书》第1条就展现了预先防范的办法："按照《里

约 环 境 和 发 展 宣 言 》(*Rio Declaration on Environment and Development*) 第 15 条原则①，本《协定书》的目的是有助于确保对安全传输领域进行适当的保护，处理和利用产自现代生物技术的转基因生物。现代生物技术可能对生物多样性的保护以及可持续性利用形成不利影响，还要考虑到它对人类健康的风险，并且特别关注危险废物的越境转移。"

在科学风险评估的明显逆转中，《协定书》第 10 条第 6 款规定："在亦顾及对人类健康构成风险的情况下，即使由于在改性活生物体，对进口缔约方的生物多样性的保护，以及可持续性使用所产生的潜在不利影响的程度方面，未掌握充分的相关科学资料和知识，因而缺乏科学定论，亦不应妨碍该缔约方酌情就以上第 3 款所指的改性活生物体的进口问题作出决定，以避免或尽最大限度减少此类潜在的不利影响。"

事实上，这一条款成为国际法中第一个明确了预防措施的规定。它授权各国任意禁止进口，要求附加信息，并延长转基因产品的决策时间。无论是否有效，公众的担忧总是会促使许多国家颁发禁令。同样地，许多国家也采取了严格措施限制转基因研究、实地试验和商业发布。针对转基因食品的许多法律和法规，对研究农业遗传学的当地研究人员仍然有负面影响。

虽然转基因作物极大可能地提高作物和牲畜的生产力并改善

---

①第 15 条原则即预防性原则，具体内容为：为了保护环境，各国应根据它们的能力广泛采取预防性措施。凡有可能造成严重的或不可挽回的损害的地方，不能把缺乏充分的科学肯定性作为推迟采取防止环境退化的费用低廉的措施的理由。

营养，但对转基因食品的反击制造出了一种严峻的政治气氛。在此影响下，各国出台了许多严厉的法规。限制性管控的大部分灵感来自《协定书》。

《生物多样性公约》酝酿时，丹麦、希腊、法国、意大利和卢森堡五个欧盟成员国在 1999 年 6 月正式宣布，它们欲暂停对转基因产品的授权，直到标贴和可追溯性等规定出台为止。

这是在英国的"疯牛病"和比利时的二噁英污染等一系列与食物相关的事件之后作出的决定。这些事件削弱了人们对欧洲监管体系的信心，并引起了其他国家的关注。过去的食品安全事件塑造着公众对新的恐慌的看法。本质上，反对者的心理因素和团体运动影响着公众对转基因食品的反应，其中大部分都发生于经济全球化的早期阶段。经济全球化的风险与利益的不确定使其容易受到质疑。

在上述五国暂停授权后，两件重要的外交事件发生了。首先，欧盟利用其影响力来说服贸易伙伴，让它们采取具有预防原则的类似监管程序。其次，美国、加拿大和阿根廷在 2003 年将此事交由世贸组织解决。在这种情况下，许多非洲国家选择了更谨慎的做法，部分是因为它们与欧盟有较密切的贸易关系，因而受到外交压力的影响。它们与美国的联系主要是粮食援助项目。2006年，世贸组织发布了最终报告。其研究结果主要依据程序性问题，而未消释世贸组织法中"预防原则"的作用。

即使在《协定书》通过之前，许多发展中国家就已开始通过一些严格的生物安全法规。这表明政治势力在寻找减少采用转基因作物的途径。

欧盟作为发展中国家的榜样，采取了三管齐下的做法：试图制定具体规定，重新诠释预防原则，并建立欧盟食品安全局（European Union Food Safety Agency）。2003 年，欧盟采取了一些严格的规定，涉及食品成分来源的授权程序、标贴和可追溯性。它将预防原则从环境保护扩大到了对消费者健康的保护。在 2003 年通过的规定中，通过强制性标贴和可追溯性，新条款明确地将"消费者选择"原则纳入其中。它还将风险评估、风险管理和风险沟通的区分形式化，并让公众参与风险沟通。

在非洲，转基因技术的挑战根源在于其监管文化的根深蒂固。例如，即使在开发了抗虫害的转基因马铃薯后，埃及也拒绝批准将其用于商业，部分原因是它担心可能失去其在欧洲的出口市场。最终，一些非洲国家停止接受来自美国的转基因玉米作为粮食援助。

虽然 2001 年和 2002 年的严重干旱使非洲南部的 1 500 万名非洲人面临严重的粮食短缺，但津巴布韦和赞比亚等国家却拒绝转基因玉米的销售，因为它们担心这些玉米粒会被种植，而不是被吃掉。

与 Bt 作物有关的最被广泛关注的争议之一是康奈尔大学科学家 1999 年发表的一篇论文。它声称，Bt 毒素蛋白质可能会杀死王蝶。这引起了公众的广泛关注，引发了多起反转基因作物的

游行示威。为了平息这场争论，政府、行业、学术界和民间社会的主要利益方在 2001 年发行的《国家科学院院报》上发表了 6 项研究论文。它们表明，广泛使用的 Bt 玉米花粉，其浓度只对暴露于田间的害虫（即欧洲玉米螟幼虫）有影响，但不会伤及王蝶幼虫。它们还表明，尽管先正达公司的另一种 Bt 产品的应用范围非常有限，但却具有较高的毒素浓度。虽然有些科学家反对，但研究还是很快完成并公布了数据。

尽管一些人反对通过生物技术改善农作物的使用，但棉花产业是一个例外，这项技术在该行业大受欢迎。直到 20 世纪 90 年代初期，棉花之所以占全世界杀虫剂使用量的 25%，是因为该作物易受到害虫的侵袭。

Bt 棉花技术可以增加利润和产量，同时降低农药和管理的成本，因此，它成为农民的首选。包括中国在内的国家在早期的技术应用上处于领先地位，并持续受益于棉花种植中农药使用量的减少。

除了立法限制、种植禁令和繁琐的审批程序外，转基因技术自身也成为被攻击的目标。"绝大多数被攻击的学术或政府实验都旨在评估转基因生物的安全性。"种子领域的所谓的"大财团控制"被视为对全球农业的重大威胁，但大多数攻击行为针对的是转基因研究，"包括致力于风险评估的实验"。这些攻击造成的最重要的结果之一就是延迟了研究成果的应用，而这原本可能有助于监管机构评估商用产品的安全性。

反对者的一个论点是，转基因技术研究缺乏足够透明度，没有以民主的方式进行。这导致了要求公开披露研究项目及其位置的程序——一系列复杂的官僚审批要求的一部分。

反对者利用这些公开信息锁定要攻击的研究网站。"政治当局采取适当措施，防止开放所带来的破坏行为。"事实上，透明度被政治当局利用时，引起过人们对转基因产品标签要求的担忧。一些要求贴标签的人希望获得基于自身偏见而歧视产品的信息。反对者利用法庭禁止种植转基因作物的裁决，为其行为辩护。

随着时间推移，消极的公众反应加上繁琐的政府监管增加了转基因的研究成本。例如在瑞士，"在研究上每花费 1 欧元，就需额外支付 78 美分用于安全，31 美分用于生物安全，17 美分用于政府监管。因此，1 欧元的研究经费，对应的额外支出总额竟为 1.26 欧元"。

为应对反对行为，瑞士政府在 2012 年同意建立一个受保护的实验基地。2014—2017 年，实验基地每年的花费为 60 万欧元。它建立在一块三公顷大的联邦土地上，足够研究人员进行实验而不用担心额外的安全费用和破坏行为。像禁止这样的行为可能延迟技术的应用时间，但在很大程度上，它似乎又是推动技术发展的动力。

如果人们最初对透明度的需求是在民主治理方面，那么非民主的方法似乎只能破坏透明度的原则。

## 技术为新兴国家铺设的超车弯道

尽管有反对意见，Bt 技术的采用率却仍持续攀升，杀虫剂的使用则有所下降。反对者最初的担忧是技术只能用于工业化国家，而发展中国家的迅速采用将之推翻。缺乏系统信息来评估转基因作物的贡献和影响，为各种未经验证的指责提供了相当大的空间。

随着时间推移，国际农业生物技术应用服务组织（International Service for the Acquisition of Agri-biotech Applications，以下简称 ISAAA）的创建在转基因作物应用发展趋势信息方面发挥了至关重要的作用。

ISAAA 创建于 1992 年，是一个非营利性国际组织，致力于帮助发展中国家资源贫乏的农民脱离贫困。它得到了私营机构和公共机构捐赠者的支持，包括拜耳（Bayer）、孟山都、美国国际开发署（US Agency for International Development）、美国农业部和美国谷物理事会（US Grains Council）等。此外，它还获得了意大利布索利娜·布兰卡基金会（Bussolera Branca）和西班牙伊贝卡伽银行（Ibercaja）的支持。

除了寻求技术转让，ISAAA 还一直提供着转基因作物应用发展的趋势数据。它主要通过自己的《简报》发布信息，其中最引人注目的是其年度报告《商业化生物技术 / 转基因作物的全球状态信息》（*Global Status of Commercialized Biotech/GM Crops*）。

《简报》由 ISAAA 创始人克莱夫·詹姆斯（Clive James）博

士编写，首刊于 1996 年。在缺乏其他应用趋势信息来源时，每年的《简报》成了权威的参考文件。它现在是同行评审期刊学术出版物的数据源。ISAAA 的年度预算很适度，一般为 200 万 ~ 250万美元，与那些反对转基因作物应用的各种组织的财政支出相比，简直是小巫见大巫了。

ISAAA 服务的范围还在不断扩大。2014 年的年度报告记录显示，它在上架手机应用市场的头 90 天内就有 30 769 次的下载量。每天，ISAAA 网站有近 4 000 人次访问。《简报》也被其用作在世界各地举行的一系列研讨会的参考文件。

2014 年，它在非洲、亚洲和拉丁美洲举行了 30 多次研讨会。ISAAA 每周更新一个免费的农作物生物技术电子通讯，可以到达175 个国家的近 20 000 个用户端。除此之外，ISAAA 网站还获准建立了转基因作物的全球在线数据库，它的业务涉及管理 20 个国家的生物技术信息中心的全球网络。

但批评者们质疑这些报告。他们认为，报告的方法有问题，且与业界联系不够，还缺乏独立验证或同行评议。那些依据ISAAA 的数据对转基因作物影响作深入分析的组织，如伦敦的PG 经济公司研究小组，也遭到了同样的批评。尽管有这些担忧，但《简报》仍然是主要的信息来源，并在降低应用率的不确定性方面起到了关键作用。

ISAAA 及其他组织奠定了基本框架，人们据此讨论采用转基因作物的大趋势。但它的使用目前仍集中在棉花和玉米等主要农

作物。随着人们对技术认识的不断深入，发展中国家可能会用它解决一些独特的虫害问题。此外，它们也将开始进行研究，以扩大 Bt 技术的应用范围。

中国是转基因技术的早期采用者，并受益匪浅。减少杀虫剂的使用，扩大 Bt 技术的应用，这对中国农民的健康十分有利。因为如果农民过多地暴露于有害的农药，他们生病的概率就会增加。印度紧随其后并拓宽了该技术的应用范畴，它允许小规模农户也使用该技术。

研究人员发现，"Bt 棉花已经减少了 50％的农药应用，毒性最大的农药最多减少了 70％……一些模型证实，Bt 显著降低了棉花种植者急性农药中毒事件的发生率。随着技术采用率的提高，这些影响将变得更加明显。现在，Bt 技术每年帮助印度避免数百万例农药中毒事件，要知道，那可是需要支出相当高的医疗费用的"。

印度的一项研究得出结论认为，"如今，Bt 棉花每年至少帮助避免了 240 万箱农药的污染，即相当于节省了 1 400 万美元的医疗费用。这还只是对健康益处的下限估计，因为研究人员忽略了 Bt 棉花所具有的溢出效应。其他预估表明，Bt 棉花每年可以避免高达 900 万例的中毒事件。换言之，就是节省了 5 100 万美元医疗费用。任何情况下，积极而健康的外部效应都是巨大的"。

转基因技术的许多益处都符合预期，意想不到的益处也会涌现。美国国家研究委员会（National Research Council）在 2010 年预测，当 Bt 技术被有效应用时，人们使用杀虫剂的需求就减少。

转基因技术还会产生其他的意想不到的积极后果，如当周边农民种植传统作物时，它会抑制大面积范围内的害虫。以 2009 年的美国为例，当时，Bt 玉米的种植面积超过 2 220 万公顷，占美国农作物的 63%。运用统计学的分析方法，研究人员发现，"对大面积范围内的主要害虫——玉米螟（欧洲玉米螟）的抑制与 Bt 玉米技术的使用相关"。

此外，在伊利诺伊州、明尼苏达州和威斯康星州的玉米种植者在 14 年内累积获利 32 亿美元，其中 24 亿多美元应归功于非 Bt 玉米种植者。相比较而言，在爱荷华州和内布拉斯加州的玉米种植者累计获利 36 亿美元，其中 19 亿美元属于非 Bt 玉米种植者。

与此同时，其他研究表明，抑制害虫的益处还扩展到了附近的非 Bt 农作物上。在美国一些地区，这些 Bt 农作物对欧洲玉米螟的抑制如此有效，想要节省的农民因此更愿种植较便宜的非 Bt 玉米，同时享受最低程度的害虫威胁的益处。

这些发现揭示出风险评估相关的重要问题，它彻底改变了人们对预防原则的看法。在 Bt 技术意想不到的影响中产生的巨大益处，强化了基于动态发展的事实、而非教条地作出决策的重要性。这样，在巨大的潜在收益的基础之上，新技术的采用降低了农产品的不确定性。这些结果还表明，当农民选择种植非 Bt 农作物时，技术间的缓冲地带产生了。虽然他们没有直接应用该技术，但间接地从中受益了。

正如反对派活动造成的政治纷争，美国继续实施着其科学的

风险管理做法。2001 年，美国环保署"完成了对所有现存的转基因玉米和转基因棉花的公司的全面评估。作为评估的一部分，将以附加条款和条件的方式延长公司注册时间，包括需要可以验证的数据以确保非靶标生物的安全，防止 Bt 蛋白在土壤中累积以及限制基因从 Bt 棉花向野生的亲缘植物（或杂草）转移等措施，同时还有一项强制性（昆虫抗药性管理）的计划，特别提出了合规方面的条款"。

最近一些文献评述审查了 Bt 技术对非目标物种的生物多样性的影响，如鸟、蛇、非目标节肢动物以及其他大型动物和土壤中的微生物。这些研究表明，Bt 作物对其他生物的积极或负面的影响仍无法确定。

虽然有 2 条评述报告说，Bt 作物对非目标节肢动物有负面影响，但这些研究"主要针对的是统计方法以及表达 Bt 蛋白作物之间的泛化（商业化的），不包括蛋白酶抑制剂（仅适用于出现在中国市场的转基因棉花品种 SGK321 系列）和外源凝集素（非商业化的）"。事实上，一些新兴的证据表明了转基因技术对使用生物方法控制虫害的贡献。

人们对该项技术的一个持续担忧是认为昆虫会对 Bt 技术产生抗性。事实上，"田间害虫对 Bt 作物产生抗性，从而降低了 Bt 的药效。这已经是一个不争的事实。据报告，13 种主要害虫中已有 5 种对 Bt 作物产生了耐药性"。但大部分的讨论都忽略了害虫的抗性在转基因作物引入之前就存在的证据。

　　从长远看，不论是以何种方式生产，我们都要有管理该技术的方法。尽管我们知道，突变是不可避免的，但真正的挑战在于寻找到延缓其抗性发展的多种途径。最近的一项研究表明，虽然天然的隔离地带可以延缓抗性，但它们还不及同等面积的非 Bt 棉隔离带来得有效。该项研究建议，改用"Bt 棉所生产出的两种或更多种的毒素，并结合其他控制策略，能够减缓抗性的进一步发展"。

　　抗性管理不是产品或环境安全的问题，也不是生物技术作物的唯一问题。事实上，它是产品的使用寿命或废存问题，这一问题历来都由市场解决。在对公司注册者强加隔离带的要求时，美国环保署已经决定，把 Bt 蛋白作为公共产品，由政府监管部门进行管理。这将是一个前所未有的、在很大程度上也是未曾被注意到的问题。

## 监管的困局

　　农业技术创新的目标之一是提高可持续农业的成功概率，转基因作物自然也就包含在内。为减少潜在的有害化学物质的使用，Bt 技术提供了有效的解决方案。减少潜在的有害化学物质的使用，一直是健康和环保支持者长期倡导的。奇怪的是，正是这些支持者在野蛮地挑战新技术。此外，一些主权国家自居为环保界的佼佼者，实际却与新技术格格不入。

为了解决这一矛盾，我们要超越科学的不确定性，从案例中挖掘出潜在的经验教训。而对于那些无知者反对新技术的陈词滥调，我们大可不予理会。他们对新千年中最复杂的公共争论之一Bt 技术所发表的见解，一般说来，都于事无补。

围绕转基因作物的影响展开的求证调查伴随着新问题的出现，即对于产品的安全性问题，人们能否达成共识。转基因作物商业化的第一个十年中，申诉和立法占主导地位，这很大程度上是由于危害的表征性，就好像它们是实际存在的风险。美国国家科学院等院所开展的研究提供了证据平衡方面的概述，这些证据强化了转基因作物应当与传统作物进行相同风险分析评估的重要性。

借鉴政府间气候变化专门委员会（Intergovernmental Panel on Climate Change）的说法，该技术的支持者开始争辩，对产品的安全性已达成科学共识。但反对者反驳了这一观点，称没有达成共识。

两者的一个至关重要的差别是，以现有证据进行评估和对单一研究的依赖之间存在的明显假平衡。后者指出，风险报告中的案例没有达成安全性的科学共识。在这种情况下，真正的问题不是实际研究的结果，而是分析证据并得出结论的方法。新闻界往往把科学研究的观点与研究本身等同起来，这为上述假平衡的形成推波助澜。结果媒体无意间违背了科学共识，最终误导了公众。

争议还表明，转基因作物被用作与产品安全性无关的其他问题的替代品。例如，反对者列举了诸如全球食品体系中的大财团控制、知识产权对生活方式的影响、市场全球化以及美国市场的主导地位等问题。这些问题本身值得探究。然而，对转基因技术的反对往往掩盖了争论的真正动机。争论过程缺乏透明度的后果之一是无法找到一个共同点，因为争辩双方都有一些不言而喻的动机。

从这一案例中，我们可以得出六个主要的经验教训。

**第一个经验教训是人们的担忧主要来自现有体系下两个基本面的既有利益。**

第一是来自社会技术结构的惯性，农业化学品在其中起着决定性作用。第二是一些大型企业如果依赖单一的知识平台就会限制其创新范围。结果是，这些公司不能在农业生物技术领域及其他新知识领域与其他企业角逐。加之支持现有耕作方法的农业政策的存在，人们对转基因技术的挑战几乎不可避免。

从一开始，转基因作物对现有农业系统的影响就关乎技术信任。部分是因为转基因作物出现时，欧洲等关键市场正值内部政治变革时期。这也是在发生一系列重大食品恐慌事件后，欧洲人对食品安全体系失去信任的一段时期。政策制定者需要了解各种各样的因素如何汇集，才能提供给民众挑战新技术所需的手段。

**第二个经验教训是争议的全球性。**

与例子不同，转基因争议有两个独特的属性。转基因技术是WTO 下全球贸易体系扩大时出现的第一个重大创新。欧洲的扩张和经济一体化的过程增加了争论的复杂性。欧盟的新加入者在很大程度上是因为其农业经济体的能力有限，无法承受创新驱动下的激烈竞争。这里最关键的不是传统的贸易保护主义，而是对

降低欧洲扩张议程风险的兴趣。在某种程度上，一些非洲国家持有相似的观点。它们的经济依赖于对欧洲的出口，因此它们很容易受到产品进口国的外交压力。然而，转基因作物在美国面临的挑战，很大程度上却由迅速发展的有机农业产业驱动。

**第三个经验教训是采用预先防范的策略。**

一些非洲国家是首批制定了比国际标准还严格的法律的国家。它们的行动可能已将这些国家在农业生物技术上的创新打回到停滞不前的沉闷局面。当争议进入白炽化，这些国家即使维持现状也不会损失什么。事实上，许多亚洲国家也都采取这一立场。但如果当时这些国家选择承担一大部分挑战的话，它们也许就已经在生物技术革命中把握住了自己在未来的角色。

欧洲国家掌握着知识库，选择从经济角度，而非环境角度开辟出一条新途径，或者说是为生物技术争议重新定了性。这当然可行，而许多非洲国家则要被迫品尝采用预先防范策略的苦果了。

一个与预先防范监管相关的问题是种植有机作物的美国农民决定将转基因从自己的产品中剔除。这一决定造成了他们和传统食品的生产商之间相当紧张的关系。敌对方为了妖魔化转基因而采取的一些营销手段更加为这两个群体的紧张关系火上添油。促进两个群体之间共存的努力并未得到有机农业运动中的一个主要派系的支持。这一派系继续寻求强制性标签法的通过，最初是在州的层面，然后是在联邦的层面。他们奉行类似于乳品业挑战人造奶油时所采用的策略。

**第四个经验教训是越来越多的与生物安全法则相矛盾的证据。**

区分危害和风险很重要，必须有解决危害的法律框架。但它不应是严格的法律形式，因为法律形式意味着提供证据。采取更灵活的标准是解决危害的另一种方法，因为它们允许对与新产品相关新安全问题不断进行评估。这种方法将允许基于证据的管控。

**第五个经验教训涉及那些实际采用了转基因作物的国家。**

在这些国家，因为没有切实可行的替代品，新产品满足了真正的需求。使用化学品防治玉米虫害或棉花虫害的做法已开始进入停滞期。转基因提供了一种优越的控制虫害的方法。此外，新方法也减少了有害杀虫剂的使用，因此给环境和人类健康带来了各种益处。这种技术优势在很大程度上推动了 Bt 作物的快速采用。

这一点在权衡风险和收益时相当重要。对转基因作物风险的感知首先表现为科学的不确定性。对大财团控制的担忧和保护当地农业系统的需要也是紧张关系的主要来源。其他一些因素与排斥新技术的观念也有关。例如，一些非洲国家就为技术排斥感到担忧，并很反感被单纯地归类为进口商而不是新技术的生产者。

**第六个经验教训涉及转基因作物采用的系统性。**

这包括两个方面。在一些欧洲和非洲国家，人们认为转基因农作物可能对整个农业系统产生深远影响。而事实上，与系统变化相关的不确定性似乎更需小心对待。该技术系统性的另一个方面——农业系统的发展水平，在一些采用了该技术的国家发生了

明显的变化。大多数种植发展转基因作物的国家已有运转正常的农业系统，且已经允许嵌入一些新特性。在北美、南美和亚洲都是如此。另一方面，非洲国家则几乎无法采取行动，这部分是因为其脆弱的农业系统以及缺乏对小农的政治支持，部分是因为对欧洲的外交影响力较为敏感。

布基纳法索 Bt 棉案例突显出全系统技术发展的重要性。2015 年，由于纤维质量差，布基纳法索在全国范围内开始逐步淘汰转基因棉，随后发展成整个非洲拒绝转基因棉的导火索。从这一案例中可以得出两个重要的经验教训。

首先，要想确定新技术的可行性，最有效的办法就是使用它。其次，经验教训使布基纳法索加强了国内的生物技术研究，以确保新品种能够达到预期质量标准，而不论这些新品种是否为转基因作物。这个案例中的最大问题就是农业研究太少了。布基纳法索很早就意识到了这一挑战，并开始建立一个区域性的棉花研究大学。在前进的道路上，这样的举措应当被强化，而不是从技术创新中撤退。

现在，第二代生物技术已使性状堆叠成为可能，它可以将一个或多个特定的基因转移到受体植物基因组内的确切位置。这些性状包括提高光合作用、氮和磷的利用率的能力，以及增强耐铝和耐盐的能力。合成生物学上的进步大大简化了植物育种的方法。这些方法可以"赋予植物除草、抗虫害、抗病、抗逆性和营养强化等多重性状"。

随着越来越多植物的基因组被测序出来，并且新的基因编辑技术变得越来越方便，作物的甜度、抗虫害和抗病能力等理想特性也更容易提高。这种转基因作物不含转基因材料，从而引发了人们对现存监管措施的质疑。那些都是基于对转基因修饰的担忧而实施的措施。阿根廷、欧盟各国、美国、澳大利亚、新西兰和其他国家就正在考虑对基因作物实施管控措施。另一个重要的政策转变是欧盟于 2015 年推出的，即允许其成员国自主选择是否采用转基因作物。

举个例子来说，RNA 干扰①技术的进步就为推进农业的发展提供了强大的工具，且无需使用转基因材料。基因编辑或精确育种技术"已被成功使用，并用于修改不同植物的性状，包括提高营养、减少食物过敏原及有毒化合物的含量、提高植物防御外部威胁的能力、改变形态并提高次生代谢产物的合成和无籽植物品种的开发"。

基因编辑技术尤其重要，因为它们不使用过多的被妖魔化的遗传改造，而仅依靠"微调"或编辑植物的 DNA。基因编辑允许合成生物学家删除不需要的 DNA 序列，并编辑调整现有 DNA 以增强某些内源性性状。此外，科学家已经开发出一些方法来解决转基因生物的不确定性，特别是如何防止它们"逃进"大自然。这是遗传修饰批评家们最为关注的问题。

---

① RNA 干扰( RNA interference )，简称为 RNAi，是指在进化过程中高度保守的、由双链 RNA 诱发的、同源 mRNA 高效特异性降解的现象。由于使用 RNAi 技术可以剔除或关闭特定基因的表达，所以该技术已被广泛用于探索基因功能和传染性疾病及恶性肿瘤的治疗。

新技术涉及改变遗传密码，这使得转基因生物依赖于人造氨基酸，而没有了氨基酸，细菌就会死亡。这实质上是将一种"内置自毁机制插入到细菌中去"。目前，这项研究主要集中在大肠杆菌上，但该技术最终可能会应用于其他生物。

另一方面，表明基因编辑力量强大的另一个例子是新工具的开发，如规律成簇的间隔短回文重复序列（CRISPR），科学家们因此能以最大限度的精确性来改变细胞的 DNA。最为独特之处在于，它能通过一个"基因驱动"的过程，在野生种群间传播编辑性状。这并不是什么新鲜事：自然界中，"某些基因通过增加被继承的概率'驱动'自身"。这种情况下，我们就应让修改后的性状自然传播。

基因编辑技术在人类健康、环境和农业等方面的应用潜力是极其巨大的。例如，基因驱动代表着控制疟疾的另一种方法。人们可以改变蚊子的某一性状，如促使雄性蚊子不育，从而减少蚊子数量或抑制疟疾传播的基因。此外，通过限制入侵物种和消除农药的使用，基因驱动还可以帮助逆转生态的退化。在所有的情况下，各种干预都必须以个体为基础，并对其益处和后果进行评估。

赛卡病毒疫情爆发时的控制措施说明，当今社会需要更多具有包容性的评估。赛卡病毒爆发后，人们释放出许多转基因埃及伊蚊①来控制登革热。

---

① Aedes aeg ypti，携带"自我毁灭基因"的蚊子被释放后，与携带登革热等致命疾病的野生蚊子交配，把致命出生缺陷遗传下去，在那些蚊子的后代出生前将其彻底根除。

2016 年年初，世界卫生组织宣布寨卡病毒为全球突发公共卫生事件，这种快速传播的病毒可能与新生儿小头畸形和神经异常等疾病有关。尽管受到了全球的关注，基因工程的反对者还是提出了毫无根据的忧虑，即寨卡病毒的传播以及对健康的相关影响很可能是由转基因蚊子引起的。他们呼吁，停止释放转基因蚊子。

生产转基因蚊子的英国奥西泰克公司试图平息人们的担忧，称反对者的说法是阴谋论，并呼吁更多合作以控制登革热和寨卡病毒的传播。然而这样的呼吁不太可能引起反对者们的重视。但它强调的是在引入革命性技术时，包容性的评估方法和明智的公共政策的重要性。如果处理不当，这些事件就会迅速破坏新技术的应用。即使该项技术是最佳的选择之一时，亦会如此。

因为编辑人类基因组和改变野生种群的外部性等伦理问题，这些技术在健康、环境和农业方面的潜在用途很可能受到影响。在这些例子中，技术和社会制度协同进化的情况显而易见，这一特点将在未来的基因技术相关的争议中继续显现。

关于转基因作物的争论起初只是欧盟和美国之间的一场贸易争端，而现在它演变成了横亘在国与国之间的一条巨大的技术鸿沟。贸易的转变与技术从欧洲向美国和一些新兴经济体的流动有关。2015 年，中国的国有企业中国化工集团出价 430 亿美元收购瑞士农业化工集团先正达，标志着中国农业技术（包括基因技术）的经济力量的重组达到了一个新阶段。

# CHAPTER 8

## 第 8 章

"水优"鲑鱼：游走在监管流程前的转基因动物

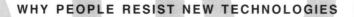

WHY PEOPLE RESIST NEW TECHNOLOGIES

创新史

全球人口数量越来越多，可捕捞的鱼类却越来越少，原来被寄予希望的养殖渔业在过去 50 年里却交出了年均增长 3.2% 的答卷。在大多数人茫然失措之时，水赏生物科技公司早已举起"转基因大旗"，号称可以使鲑鱼养鱼周期缩短 50%。

如果政府支持创新，那么新技术从实验室走到商店货架，简直易如反掌；但若政府反对、不作为或没有相应的监管程序，那么新技术胎死腹中的概率就会成倍增加了。

偶尔离开坦途，潜入森林，你一定会发现一些你以前从未见过的东西。

——**亚历山大·格雷厄姆·贝尔**
（Alexander Graham Bell）

为日益增长的世界人口提供足够的蛋白质，仍然是全球最紧迫的粮食挑战之一。通过生态系统的退化、气候变化和过度捕捞，蛋白质需求的增加已经威胁到了鱼类资源的可持续发展。海事部门和多边组织以制定保护海洋资源的政策为重点，对这些威胁作出了回应。传统上，它通过实施捕捞管理和捕捞限制达成这一目的。尽管人们已为此付出很多努力，但海洋生态系统的新增压力仍在上升。据预测，到 2050 年，全球海洋中的塑料垃圾会比鱼还多。

企业增加了鱼类养殖的投入，以应对自然界鱼类资源减少的问题。在全球范围内，养殖鱼类的产量已有大幅增长，主要采用了传统鱼类养殖方法，这类似于饲养其他牲畜的方法。鱼类养殖也有其自身的环境问题和经济挑战。养鱼产生污染，利

润空间小。仅靠鱼类养殖并不能解决日益增长的人口对鱼类
和蛋白质的需求。

解决鱼类资源减少问题的第三条出路已出现：基因改造。在
20 世纪 90 年代中期，马萨诸塞州的水赏生物科技公司（AquaBounty
Technologies）推出了转基因鲑鱼（大西洋鲑），它的成长周期只
有普通鲑鱼的一半。

水赏生物科技公司在首次向美国食品和药品管理局（FDA）
提出申请后的第 20 年，即在 2015 年 11 月终于获得了"水优"
鲑鱼的销售许可。"水优"鲑鱼是美国食品和药品管理局批准的
第一种用于人类消费的转基因动物。虽然转基因鱼在 2009 年就
已经通过了美国食品和药品管理局要求的人类健康和环境安全的
所有评估，并在 2015 年获得政府批准，但"水优"鲑鱼至少在
接下来六年里仍不能用于商业销售。

这是一个关于技术反应世界渔业状况的故事，也是一位美国
企业家埃利奥特·安蒂斯（Elliot Entis）的奋斗故事。安蒂斯一
直积极推进有潜力改变鱼类产业的转基因鲑鱼的商业化进程。正
如熊彼特所述，创新是企业家努力的产物。因此，企业家是直接
面对社会对其创造物的反应的人。

本章探讨企业家为创新的新领域铺平道路的平台技术而斗争
时，所面临的挑战。本章跟踪了水赏生物科技公司为寻求政府批
准，并实现第一种用于食品目的转基因动物的商业化，在技术、
社会和政治动态方面所付出的 20 年的努力。

争论的激烈程度反映了许多与其他产品相关的经济和心理因素。这一许可打开了转基因动物用于人类消费的大门。该技术的平台性质不仅引起了超出渔业领域的广泛关注，而且也警示了监管机构需要更加谨慎行事。

## 未来 30 年，养殖鱼类增长 3 倍？

鱼类是全球饮食的重要组成部分，占全球消耗的动物蛋白的近六分之一。渔业面临着威胁未来供应的重大挑战。在过去 50 年里，渔业产量每年增长 3.2%。2010 年，捕鱼业和水产养殖场提供了近 1.48 亿吨鱼，价值 2 175 亿美元。

同时，野生鱼类供应正在减少。联合国粮食和农业组织（United Nations Food and Agriculture Organization）预计，到 2020 年，每年将需要增加 1 400 万吨鱼才能够满足全球需求。这些额外增加的需求几乎全来自发展中国家和新兴经济体。到 2020 年，中国日益增长的富裕的中产阶级对鱼的需求将超过全球需求量增幅的 50%。

捕鱼业是人类狩猎食物的最后一个主要领域，正深陷困境。全球消耗的近 86% 的鱼来自于对鱼类栖息地的过度捕捞。据估计，全球发展中国家的政府为渔业补贴了 185 亿美元，工业化国家则补贴了 88 亿美元。这让捕鱼船队可以到达更远的海域，可以说几乎没有它们不能到达的海域了。

过度捕捞又疏于管控的渔业威胁到了全球海洋生态系统。沿海发展、污染、入侵的外来物种以及气候变化使鱼类及其自然栖息地承受了额外的压力。生物多样性的丧失被认为是当今对海洋生态系统的最大威胁。一些研究人员预测，如果延续目前对野生鱼类的捕捞速度，到 2048 年，目前所有可捕捞的海产品都将灭绝。

除了鱼类总量下降，捕获的大量海产品也被浪费。据估计，美国在 2009—2013 年期间，高达 47％的可食用海产品被浪费。"这个损失的最大部分发生在消费者层面（在家庭内外），51％～63％的损失归因于消费，被商业渔业丢弃的误捕的鱼为16％～32％，以及分销商和零售商浪费的 13％～16％。"这种浪费在强调，除了增加生产，还应尽快加强渔业资源管理的重要性。

有养鱼场的产业统称为水产养殖业，它的出现是为了满足需求和补充野生鱼类的不足。许多政府决定推广替代形式的鱼类生产以减少对野生鱼类的需求，水产养殖业得以发展。水产养殖将捕鱼的渔民变成养鱼户。它开始于沿海地区，并通过网箱、人工鱼塘或陆地上的天然鱼塘与开放水域隔离开。

仅 2008—2010 年，全球生产的养殖鱼类占比从 38％上升至45％，成为全球增长最快的农业部门。中国是世界上最大的水产养殖生产者，生产了全球养殖鱼的 60％。水产养殖比野生捕捞的优势之处在于，它无须依赖天然鱼类资源。

养鱼场的显著扩张带来了一系列的经济和环境问题。值得注意的是，由于需要建造、维护和监测设施以及购买鱼苗，在池塘或海里隔离区域养鱼比捕捞野生鱼类昂贵得多。鱼粉以及用以防

止疾病在网箱中传播的抗生素也需要支付一笔高昂的费用。因为能源成本上升，也有人开始担忧养殖鱼类的可持续性发展。还有人担心，养殖的鱼类可能会逃走并传播疾病。最重要的是，养鱼场向周围排放了大量污水。

为了维持目前的全球鱼类消费水平，现有的水产养殖产量将在未来 30 年增加 3 倍。养殖的成本和对环境的破坏将使水产养殖业面临巨大挑战。在这种背景下，埃利奥特·安蒂斯得知，简单地改变鱼的一个基因就能够缩短鱼的生长周期，且消耗更少资源，从而改变水产养殖业。

## 驾驭生物科技浪潮

安蒂斯自幼对鱼耳濡目染。在马萨诸塞州的波士顿，他的父亲经营着一家向餐馆出售海鲜的公司。他发誓决不涉足渔业生意。他到哈佛大学学习国际关系，而后于 1971 年在加利福尼亚大学伯克利分校获得硕士学位。在华盛顿特区政府谋得了一个职位，接着创办了一家研究公司。安蒂斯经营公司多年以后，组建了家庭。但最终他感到十分沮丧，因为他逐渐相信，在华盛顿，人们奖励最差的工作，而惩罚最好的表现。

"总有人希望把你的工作与他人的可衡量的利益联系起来——一些有形的、可衡量的东西，像食物一样简单的东西。我在那里并不孤单。与朋友共进晚餐时，我们经常谈及政策问题，而这些问题在某种程度上都没有结果，无论是有形的还是象征性的。"他父亲说服他回家加入家族企业。然后，当安蒂斯在一个星期天早上返回波士顿时，《纽约时报》的一篇文章使他开始走上了尝试销售首款转基因鱼的创业之旅。

安蒂斯读到了一篇关于一种蛋白质的文章。这种蛋白质最初由马萨诸塞州伍兹霍尔的科学家发现，但加利福尼亚州和加拿大的科学家做了进一步研究。

在最寒冷的北极和南极海洋水域中，海洋生物会自然产生这种蛋白质，以保护生命免受极端寒冷的伤害。它被命名为"抗冻蛋白"。它成为一种简单转变的来源，使鲑鱼和其他鱼类以更少的饲料快速生长到正常大小。

安蒂斯最初的想法是这种蛋白质可以全年保持鱼的新鲜。他联系了正在坎布里奇旅行的一位研究人员，并做了简短谈话。之后，他们的合作很快升级——使用抗冻蛋白保存人体器官。1992 年，安蒂斯与同事们一起发现了 A/F 蛋白。这还仅是发现。

公司成立后不久，一名研究人员无意间提到，既然研究表明抗冻基因全年生产抗冻蛋白，那么它也可以用来开启鲑鱼全年的生长激素，从而使鲑鱼的生长速度加快一倍。鲑鱼一般只在夏天生产生长激素。

抗冻基因的一部分（"启动子"或"开启按钮"）可以和鲑鱼的生长激素基因相连接，并重新插入鲑鱼。结果是，一条鲑鱼就含有了所有鱼类的激素和蛋白质。事实上，随着这种变化，

这种鲑鱼并没有产生抗冻蛋白，也没有产生令自身疯长的过量
生长激素。这种变化只是给这种鱼提供了更连续的激素供应，
并使它更有效地使用激素。2000 年，水赏生物科技公司将 A/F
蛋白剥离出去，开始用鲑鱼推进转基因鱼的研究。

通过多伦多的研究人员，安蒂斯获得了转基因鱼的技术授权。
他相信，这个项目可以使鱼的生长周期缩短 50%，对鱼类和环境
的可持续性都有益处，因此，它会受到行业的欢迎。养鱼户可以
用更少资源养更多鱼。此外，开展"水优"鲑鱼的工作也有利于
对抗世界渔业日益恶化的状况。事实上，安蒂斯有能力得到很多
人的支持。2006 年，他为公司首次公开募集到了 3 760 万美元。
尽管投资者很感兴趣，但水赏生物科技公司很快就遇到了公众的
阻力与政府的迟疑不决。

世界渔业发展历程也反映了农业发展历程。以捕捞水产和海产
为主的渔业已持续下降几十年，而鱼类养殖业或水产业却如日中天。
和农业一样，养殖鱼类也应用了越来越多的科学技术。最初大部分
养殖户依赖于选择性养殖，旨在让鱼类适应不同的养殖地点。

和农业一样，跨物种转基因赋予植物新性状的能力也吸引了
渔业研究。基因改造方法使渔民能够赋予鱼类新性状，如促生长、
抗冻、耐寒、抗病、不育、代谢性以及鱼的药理蛋白的生产。这
些活动提高了鱼的生产率和产量。

水赏生物科技公司开发的"水优"鲑鱼包含来自奇努克鲑鱼
（又称作"帝王鲑"或"大鳞大马哈鱼"）的一个生长因子和来自

大洋鳕鱼（学名为美洲绵）的一个短的 DNA 序列（启动子），鲑
鱼的基因因此能一年四季都分泌生长激素。这让"水优"鲑鱼 18
个月就可以达到成熟期，而不是 36 个月，并且只需要使用比普
通鲑鱼少 25％ 的养殖饲料。它本质上相当于普通的大西洋鲑鱼。

转基因鲑鱼的研究进展发生于对转基因鱼的潜在生态影响的
普遍关注的背景下。最受媒体关注的问题是 1999 年《美国国家
科学院院刊》的一篇文章提出的"特洛伊基因假说"。

假说推测，快速生长的转基因雄鱼可以有选择性地繁殖，并
将生长激素基因传给野生种群。它假定，转基因鱼会不成比例地
吸引雌性并与之交尾，因为它们的大个头击败了野生竞争对手。
人们关注的是，野生种群的后代将不适应生存。计算机模型表明，
野生鲑鱼种群的数量不断减少，每个下一代的数量都比上一代少，
并很可能在 42 代内灭绝。

自从水赏生物科技公司首次向美国食品和药品管理局提交了
"水优"鲑鱼的申请后，各种对转基因鲑鱼的科学研究及其影响
评估所提供的证据都表明，与"水优"鲑鱼相关的风险是最小的。

水赏生物科技公司的转基因鲑鱼相当于普通的大西洋鲑鱼，
其营养价值、生长特性和抗病性都符合大西洋鲑鱼的法律界定。
人们已证实，无论是"水优"鲑鱼，还是传统鲑鱼，它们体内的
生长激素的循环量都是相同的。因为"水优"鲑鱼有基因开关，
它产生的生长激素离肝脏更近，所以它能更有效地利用生长激素。

转基因鲑鱼不仅价格便宜、生长周期短，而且它们对饮食的

要求特性使它们比野生鲑鱼和普通养殖鲑鱼更符合环境的可持续发展。这种鲑鱼吃一些植物性蛋白就能长得很好，而普通鲑鱼主要以其他鱼类为食，还特别需要在饲料中添加大量鱼粉。鱼粉由其他鱼类制成，其制造过程需要消耗大量的能源且价格昂贵。

获得了美国食品和药品管理局的许可后，水赏生物科技公司计划在陆地淡水网箱中培植三倍体（三组相似或同源染色体）的雌性"水优"鲑鱼，地点选在 FDA 监控下的巴拿马水产养殖场。鲑鱼从那里逃到海洋的可能性几乎为零。然后从那里将鱼装船运往市场。如果该公司想在陆地上的其他设施中养殖这种鱼，它需要获得 FDA 对另外生产场地的许可。

为了避免"水优"鲑鱼与野生大西洋鲑鱼异种交配所带来的风险 [ 大西洋鲑鱼无法与太平洋鲑鱼（大马哈鱼）异种交配 ]，水赏公司说，它会把陆基水箱设置在被不适合其生存的海洋所环绕的陆地上，以应对小概率的逃逸事件。

## 先行者，被政府拖住后腿

像大多数公司一样，水赏生物科技公司也希望审批的流程更快一些。但政府监管机构在对待转基因动物的问题上缓而不发，一直秉持审慎的态度。政府担心开了这个口子会产生新的压力。因为要想批准一大批正在研发的转基因动物，政府就要拿出一套行之有效的监管制度标准规范转基因动物食品市场。水赏生物科技公司不仅在测试公众对转基因食品的认可度，也在迫使政府监管部门追赶科学潮流。

FDA 自 1906 年成立以来一直负责监管食品、人类和动物的药物及化妆品的新技术评估与立法过程。20 世纪 70 年代，FDA 建立了转基因作物监管过程的主要机构。与其他机构相比，它在评估和监管新食品新药物的技术方面具有更加丰富的经验和专业知识。

1995 年，水赏生物科技公司第一次接触 FDA，并就"水优"鲑鱼提出申请。当时，FDA 对转基因动物还没有指定的监管程序。它必须依靠用于管理农作物的《生物技术管理协调框架》(*Coordinated Framework for the Regulation of Biotechnology*)。FDA 和美国国家环境保护署（Environmental Protection Agency，以下简称 EPA）负责将此框架的原则应用于转基因鲑鱼。

尽管如此，在围绕转基因鲑鱼的争论中，缺乏专门针对转基因动物的监管程序是争议和批评的主要来源。"水优"鲑鱼并不是提交给 FDA 的唯一转基因动物产品，但它是为了获得审批而坚持了最长时间的斗争。

针对水赏公司转基因鲑鱼新技术，美国监管部门把境内的转基因动物纳入 FDA《联邦食品、药物和化妆品法案》(*FDA's Food,Drug,and Cosmetic Act*) 的新兽药一栏。转基因动物审批和转基因植物审批是两种不同的流程。

首先，转基因动物的批准和监管主要由 FDA 完成，而抗虫性转基因植物则是在《生物技术管理协调框架》下，受美国农

业部（USDA）、FDA 和 EPA 等机构的监管，其他转基因植物至少由两个机构监管。转基因动物在商业化之前要获得 FDA 的售前许可，而转基因植物的监管是在自愿基础上的售前协商。

转基因动物监管过程和转基因植物监管过程的第二个区别与审批过程的透明度有关。一方面，转基因植物的所有相关审批文件都是公开的，如美国农业部对工厂的环境影响评估。虽然为了保护知识产权，一些信息可能会从公开副本中删除。另一方面，FDA 对"新兽药"（包括转基因动物）的所有预审批文件保密，除非该种动物的赞助商希望信息公开。转基因动物技术一旦被批准用于动植物，相关文件的摘要就必须公开。

当水赏公司第一次向监管部门提出许可申请时，FDA 尚未作出决定：转基因动物应该走新兽药申请监管途径，还是让它选择食品添加剂应用申请监管途径？水赏公司选择了新兽药申请途径，因为这条途径的审批流程更加严谨，而且能够得到明确的结果：批准或不批准。

人们独立研究"水优"鲑鱼后证实，它发育正常，确实如研发商所说，鲑鱼的转基因性状能够稳定地多代遗传。2010 年，在首都华盛顿的一次公开会议上，这些资料被提交给兽医咨询委员会。此外，水赏公司通过网站将所有研究和监管数据提供给公众。2012 年，FDA 声称"未发现重大影响"，并宣布"水优"鲑鱼对于人类食用、环境以及有关动物都是安全的。

2010 年的调查结果公布后，公众评议期紧随而来。FDA 准备就是否批准该产品作出最终裁决。在征求意见期间，公众和私人股东以书面和听证会形式表达了他们的意见和担忧，以供 FDA 参考。在 FDA 监管历史上，此次公众评议期是到目前为止最长的一期。

自从 2010 年 FDA 开始举行公共听证会以来，转基因鲑鱼的反对者多次提出延长和推迟评议期的要求。他们认为，FDA 关于转基因鲑鱼对人类健康和环境影响的科学评估不够全面和透明。FDA 积极回应了反对者提出的延长评议期的要求，因为转基因动物新兽药申请途径的监管程序虽然从科学的角度已经很全面了，但它毕竟是在 FDA 开始考虑水赏公司的应用时才建立起来。

在转基因动物新兽药申请途径的监管过程中，不同的监管机构需要作出不同的决策，因而它缺乏一个明确的时间表。这是最棘手的问题之一。对当前审批程序的另一个批评是，它缺乏关于转基因生物环境风险的具体规定。如果监管过程拥有科学的标准，明确区分从普通动物到转基因动物，哪些变化是可接受的，哪些是不可接受的，公众对监管过程的接受度可能才会增加。

FDA 确实需要有广博的专业知识。在作出监管决策之前，他们就转基因技术咨询了很多国内外专家，并充分考虑了公众评议期间所得到的意见和建议。在转基因鲑鱼的监管过程中，FDA 召开了多个听证会，让水赏公司以及该技术的支持者和反对者直接交流。FDA 就转基因鲑鱼不会危害环境这一结论，咨询了美国所有相关的环境机构。这些机构都明确表示认同这一结论。

虽然 FDA 负责评估转基因动物对人类、动物和环境健康的

影响，但它并没有建立处理基因工程带来的社会和伦理问题的机制。此外，FDA 对转基因动物实施的监管程序要求，重点是科学评估潜在风险，对新技术超越现有产品的益处未给予足够重视。

FDA 对转基因动物所实施的程序有两个方面的问题。

第一，如果用于产生这项技术的程序在不改变产品（例如转基因生物的表型）的情况下发生改变，则即使产品本身并没有实质性差异，也需要进行新的风险评估。

第二，基于过程的风险评估无法比较新产品和现有生产系统之间的风险及收益，尽管这种差异构成了对新技术的监管决策的基础。这扭曲了公众对动物生物科技危害的看法。面对不确定性，公众有一种保持现状的普遍趋势。人们害怕采取行动比无所作为造成更大的伤害，因此，他们在面对风险时不愿采取行动。人们倾向于低估无所作为的风险，而夸大采取行动的风险。

与此同时，由于潜在损失比潜在收益大得多，人们为了避免潜在损失，反而会承担更大的风险。转基因鲑鱼的批评者过度强调采取行动（即批准转基因鲑鱼）的潜在风险，以利用人们对相关的潜在损失的过度厌恶。然而，对鲑鱼捕捞和鲑鱼养殖的不作为的风险也相当大。

当天然鱼类资源因过度捕捞而陷入困境时，目前的水产养殖做法并非没有风险。许多技术创新和监管专家认为，"水优"鲑鱼的审查和监管决策过程是迄今为止最全面和最透明的。如果考虑新技术与现有技术之间的潜在风险和收益，并在权衡利弊后作出决策，则转基因动物的 FDA 监管审批过程可以更加有效。

在回顾为争取"水优"鲑鱼的许可而斗争的经历时，安蒂斯说，FDA 的监管程序感觉好像被国家政治以及就有机食品和天然食品召开的大型公开辩论所裹挟。

安蒂斯指出，FDA 还没有准备好接受转基因动物产品。他又补充道，虽然 FDA 赞成与"水优"鲑鱼有关的多项研究和科学结论，但这些证据在政治和公众反对方面前还是不够强大。他还说自己忽视了一些警告标志，这个过程并非他最初想的那般顺利。"我太过痴迷于获取许可的可能性了"，他回忆说。他显然低估了对这款产品持不同观点的人的反应。

## 浑水才能摸鱼

安蒂斯说，他在转基因产品领域学到的一个最重要的经验教训是，永远不要停止与不喜欢你的人交谈。水赏生物科技公司有许多支持者，也有许多批评者。食品安全中心（Center for Food Safety，以下简称 CFS）是"水优"鲑鱼获得批准的主要反对者。转基因鲑鱼的戏剧性申请过程就被置于 CFS 捕捉到的两个主要趋势之间。

CFS 在 2013 年的一个小册子中承认，由于"几十年的过度捕捞、污染、农业径流和管理不善"，海洋生态系统和依赖于该系统的渔业正濒于危险边缘。该组织称，开发转基因鱼类是水产养殖业发展的一个出路，但它又认为，"水优"鲑鱼对"食品安全、

环境、渔民的经济福祉、动物福祉以及国际市场构成新的威胁"。解决方案应该是"将我们的野生鲑鱼种群及其赖以生存的生态系统带回到可持续发展"。这是一个合理的目标，但不是反对鱼类生产替代方法的有力论据。农业也有类似情况。减少农业对生态的影响既重要，又紧迫，但这不能成为反对水培法和城市屋顶种植等做法的论据。

一般来说，CFS 概述的立场一直是反对转基因鱼类运动的一个流行的战斗口号。在 2010 年 FDA 为"水优"鲑鱼举行听证会之前，CFS 与食品与水观察组织（Food & Water Watch）、地球之友（Friends of the Earth）、有机消费者协会（Organic Consumers Association），现在需要食品民主（Food Democracy Now）和 CREDO 行动组织等民间社会组织一起开展了公开抗议该产品的活动。

一个值得注意的现象是冰淇淋生产商本－杰瑞（Ben & Jerry's）公司的首席执行官也加入了此项活动。该公司在全球 30 多个国家开展业务，并早已决定不在其产品中使用抗冻剂技术。尽管这项技术由其母公司英荷联合利华集团（Anglo-Dutch Unilever Conglomerate）为了用于食品而开发。

这些组织向 FDA 和白宫提出抗议。针对监管过程，他们认为 FDA 使他们处于黑暗中，所以他们最后向美国总统请愿。抗议者质疑水赏生物科技公司的不育保证，并声称有一些鱼仍可能具有繁殖能力。如果它们逃脱，就会与野生种群杂交。他们还质疑水赏生物科技公司开展的安全性研究的有效性。

随后，包括消费者联合会（Consumers Union）在内的反对者努力向美国各地的零售业施压，使之保证在转基因鱼获批后也不售卖它。截至 2015 年，阿尔迪超市（Aldi）、巨鹰超市（Giant Eagle）、H-E-B 食品公司（H-E-B）、海威超市（Hy-Vee）、克罗格公司（Kroger）、梅杰公司（Meijer）、塔吉特百货公司（Target）、乔氏超市（Trader Joe's）、喜互惠连锁超市（Safeway）和全食食品超市（Whole Foods）等零售公司同意不售卖转基因鱼。它们在美国拥有近 9 000 家商店。该运动的重点是在转基因鱼获批的情况下，防止"水优"鲑鱼出现在现有分销网点。

造成反对转基因鲑鱼商业化的政治阻力的核心是经济利益。2011 年，阿拉斯加州的代表多恩·杨（Don Young）和加利福尼亚州的代表林恩·伍尔西（Lynn Woolsey）提出了对 FDA 年初预算的修正案。他们建议，如果 FDA 批准"水优"鲑鱼的申请，就应停止其资金。在 435 名成员中，只有不到 10 人参加了对该修正案的表决，其余代表则参加了白宫赞助的国会烧烤野餐会。安蒂斯说："多恩·杨……还打赌修正案肯定能够通过。"

许多"水优"鲑鱼的支持者都赞同这样一个观点，多恩·杨和阿拉斯加州的代表团所追求的是保护阿拉斯加的野生鲑鱼业。它为阿拉斯加提供了 78 500 个工作岗位和每年 58 亿美元的经济贡献。他们担心，"水优"鲑鱼进入市场会增加鲑鱼的供应量，野生鲑鱼的价格可能会下降并减少阿拉斯加鲑鱼生产商的利润。

2012 年，多恩·杨在接受《华盛顿邮报》的一次采访时说，"你把那些该死的鱼从我的水域中弄开。……如果我能坚持足够长的时间，我就可以打败那家公司"，当他提及水赏生物科技公司时，他说，"我承认，那就是我正在做的"。这项声明的坚定口吻让人联想到人造黄油的早期反对者。

应当指出的是，阿拉斯加野生鲑鱼的价格一直居高不下。包括"水优"鲑鱼在内的大多数养殖鲑鱼都在低价出售，所以它们不可能与阿拉斯加野生鲑鱼发生直接竞争。FDA局长玛格丽特·汉贝格（Margaret Hamburg）收到多封来自美国参议员的挑战转基因鲑鱼批准程序的信函。他们要求 FDA 停止批准转基因鲑鱼的程序。在这些呼吁的背后，隐藏着经济利益担忧，而不是科学证据。

2009 年，奥巴马承诺将"拥抱科学和技术"作为经济增长的推动力，但他遵守这一声明的能力有限。FDA 在 2012 年发布的环境评估草案中指出，"'水优'鲑鱼的批准……不会损害濒危的大西洋鲑鱼的生存，或导致其重要栖息地遭到破坏和不利改变"，水赏生物科技公司希望其转基因鲑鱼快速获批。

这份声明发表于奥巴马争取总统连任的选举前。那时他的支持率很低。近 54% 的美国人认为奥巴马做得很差，米特·罗姆尼（Mitt Romney）已通过共和党初选成为强大的总统候选人。观察家们认为，奥巴马在选举中获胜取决于获得包括环保主义者在内的广泛支持。他的竞选团队不想他批准转基因鱼，引起环保主义者的愤怒。

食品业获利空间极小，因此经营者特别注意以类型和生产过程选择其销售的产品，从而避免不必要的风险。食品生产商们担心，如果他们同意出售转基因鲑鱼等新产品，顾客的反应是不确定的。因此，相对于竞争对手，他们可能会失去百分之几的顾客。由于利润率很小，他们即使失去一小部分顾客，也会造成不利影响。美国食品杂货连锁店全食食品超市和乔氏超市宣称，尽管监管审批反映了经济现实，它们也不会出售转基因鲑鱼。

食品业的这种谨慎反应在欧洲尤其明显。在欧洲，颇具影响的绿党①普遍怀疑美国的举措，并对政府准确评估食品安全性的能力缺乏信任。这促成了对转基因食品的广泛挑战。挪威和英国的生产商们控制着全球大部分鲑鱼市场，他们尤其害怕消费者反对转基因鲑鱼。

由于过度捕捞和水资源污染已成为全球性问题，捕鱼业正面临着来自环保组织的关于当前生产过程可持续性的压力。可以理解的是，鲑鱼生产商和养殖户一般不愿意将转基因技术纳入生产过程。原因是，这样的举措会激怒公众而使自己面临困境，从而加剧公众对他们活动的担忧。

此外，与野生捕捞业相比，鲑鱼养殖业相对年轻。与生产商的预期相反，如果转基因技术在鱼类养殖中普及起来，养殖鲑鱼的消费者就会选择非养殖鲑鱼。这就解释了为什么美国、加拿大、

① 绿党(green parties)，是提出保护环境的非政府组织发展而来的政党，绿党提出生态优先、非暴力、基层民主、反核原则等政治主张，积极参政议政，开展环境保护活动，对全球的环境保护运动具有积极的推动作用。

智利和挪威的鲑鱼养殖业协会强烈反对转基因鲑鱼了。

一些人宣称，他们将等 FDA 批准转基因鲑鱼后再采取行动。在许多方面，消费者恐惧使生产商产生了更多恐惧，而生产商成为了转基因鲑鱼技术商业化的主要障碍，而不是实际的消费行为。另一方面，特殊利益集团继续声称，"水优"鲑鱼威胁环境。他们把它妖魔化为"科学怪鱼"[1]，并故意歪曲说它能长到传统鲑鱼的两倍大。他们误导性的主张助长了经济利益驱动下的普遍怀疑。

尽管"水优"鲑鱼的反对者们设法延迟其监管批准近 20 年，但其支持者们也持续获得进展。前国会议员巴尼·弗兰克（Barney Frank）是与此有关的政治家之一。他写信给 FDA，敦促它"从技术审查的角度，将水赏生物科技公司的这一技术当作任何其他产品来对待"。

2012 年 11 月，全美领先的研究型大学的 50 多名学者和不同行业的投资者（包括海产品行业）致函奥巴马总统，敦促 FDA 推进关于"水优"鲑鱼的决定。他们对转基因鲑鱼批准过程中缓慢而不透明的做法表示了担忧："'水优'鲑鱼遇到的无法解释的监管瓶颈表明，FDA 对动物生物科技产品的基于科学的监管审查程序没有可预期的时间表，并正在阻碍一个能够促进美国经济增长、创新、竞争力和创造就业机会的产业的发展。"他们担心，如果不精简监管程序，不摆脱特殊利益集团的政治阻挠，生物科技开发商可能在美国境外将产品商业化。

---

[1]《科学怪鱼》是美国导演马克·A.Z.迪普执导、2004 年上映的一部科幻片。

在挑战扩大的过程中，反对者质疑转基因鲑鱼的生长速度是普通鱼的两倍的说法。对于水赏生物科技公司特别是对于潜在的投资者来说，这种说法是一个重要的卖点。

2015 年，食品与水观察组织要求美国证券交易委员会（US Securities and Exchange Commission）拒绝水赏公司加入纳斯达克证券交易所的注册申请。这一组织声称，水赏公司对鱼类生长速度的说法有误导性。该组织要求证券交易委员会迫使水赏公司修改注册文件，以便向投资者提供新的科学发现，从而说明转基因鲑鱼的生长速度没有他们声称的那么快。此外，该组织还希望水赏公司声明，转基因鲑鱼患过某些独特的疾病。它的目的是想引发投资者怀疑水赏公司及其技术可行性。

在各方努力寻求使用标签标记转基因食品的背景下，挑战进行着。阿拉斯加州通过了一项要求标记转基因鲑鱼的法律。这促使其他组织寻求通过立法途径，防止各州采用标签法。

总体而言，在更加广泛背景下的关于转基因作物的争议，在很大程度上影响了关于转基因鲑鱼的争议。通过所有那些争论，安蒂斯试图接触尽可能多的人，并因此获得了外交家的美称。他说作为一名企业家，重要的是要记住，新技术在还无法提供足够多的信息时，批评者们通常会发出较大的声音。他说："办法是将问题混在人们的想法中。有些人会因此改变主意的。"

安蒂斯认为转基因技术在未来会"被广泛使用"，尽管他没有对使用方式作出预测。从那时起，他将精力集中于一个新项目，

在被称为"LIFTLAB 皮肤再生"的系列化妆品中使用抗冻蛋白。这种抗冻蛋白通过增加皮肤产生的蛋白质的量帮助皮肤再生。他已将创业精神和从新平台技术上获得的经验教训转向了其他目标。

安蒂斯坚定地说，如果再有一次机会，他还会对转基因鲑鱼进行监管申请。他还说，他本应投入更多时间，以寻求不同政治团体和各个食物链环节的广泛支持。

## 政策制定者的窘境

关于转基因鲑鱼的 20 年争论展示了未来技术可能面临的挑战，特别是当这些技术是为新一代产品铺平道路的新平台时。由于监管者和公众对产品缺乏了解，这些挑战通常会变得更加复杂。转基因鲑鱼经历的负面反应，不仅来自有既得经济利益的政治家，而且直接来自鲑鱼养殖界和食品业。除了考量经济因素之外，开发者应用该技术提供的科学证据难以降低产品对人类健康和环境安全性的不确定性。转基因鲑鱼在自然界存活的潜力依然是不确定的科学问题。

转基因鲑鱼发展的时间恰好与反对转基因作物的时间重合。因此，许多反对农业基因工程的论据可以很容易地应用于反对转基因鲑鱼。但不同于农业，农民采用了转基因技术，而渔业养殖户从一开始就难以接受转基因技术。许多渔业养殖户面临着来自环境和消费者群体的批评，因此，他们不想与一种会让公众对其产品产生担忧的新技术有联系。

讽刺的是，正是这种相似性避免了美国监管部门建立关于转基因动物的新审批制度。人们今后为了解决世界上的巨大挑战，最好能够建立新的技术系统，特别是经济部门开始强调生产成本上升、日益增加的生态隐忧等压力时，它们将面临类似阻碍转基因鲑鱼获批的挑战。

对于决策者管理新产品物种产生的争议，转基因鲑鱼的案例提供了许多重要的经验教训。

**第一，该产品的历史和相关的紧张局势是与现有渔业和养鱼系统相冲突的明显结果。**

这只是其中的一部分。紧张局势的第二个方面涉及转基因鲑鱼是开创性产品这一事实，其商业模式将为风险特征尚待研究的其他转基因产品铺平道路。这对政策制定者来说是一个困境。一方面，政策制定者希望通过批准该产品而保持全球领导地位；另一方面，他们又需要保证新产品不会为可能带来风险的其他人敞开大门。因此，他们采取了一种非常谨慎的做法。与这种缓慢的监管方法相关的成本问题将阻止大多数企业家推进新产品。

**第二，美国转基因鲑鱼的未来取决于它能否在本地繁育。**

这将决定美国能否保持其农业生物科技领域全球领导者的地位。这需要为创新者提供可靠、可预测、基于科学的审批程序，以及基于科学事实进行有建设性的公众争论。如果美国政府开始审查，并为未来动物生物科技产品制定严格有效的审批程序，美

国将为全球其他地区提供规范的监管标准和最佳做法。

若将生物科技方面的领先地位让给那些降低环境和人类健康安全标准，且没有全面适当监管程序的国家，生物科技应用的安全性可能遭受严重的影响。作为生物科技研究、创新和商业化的世界领先者，美国可以在监管生物科技创新方面树立榜样，以确保社会以最安全的方式从这些技术中获取最大利益。公众需要与转基因动物相关的科学事实、利益和潜在风险以及监管审批程序严谨性的第三方信息。

**第三，需要制定更加可靠、更加可预测的转基因动物的监管审批程序。**

这可以通过引入明确的决策时间表、分阶段以及固定天数征询公众意见实现。此外，不同监管机构在评估和决策过程中的责任需要明确界定。评估和研究过程应该严格地以科学为基础，提前告知申请人，并注重最终产品的安全性，而不是关注生产过程。为此，监管机构需要与生物科技的研究机构和私人研发商合作，为转基因动物的健康和环境安全性制定统一标准。

**第四，政策制定者需要了解人们对新产品最初的反应的持续力。**

关于转基因鲑鱼的一个持续关注是所谓的特洛伊基因假说，即转基因鲑鱼可以与野生亲缘鲑鱼杂交，从而导致野生鲑鱼种群灭绝。该假说的信徒在许多场合表示，他们的模型不适用于正被讨论的转基因鲑鱼。但这并不妨碍反对者借此反对转基因鲑鱼。在这种情况下，早期的说法成为定义转基因鲑鱼风险的基础。反

对者们沿袭着这一说法。我们据此得出经验教训，人们对新产品
最初的反应是很难停息的。即便有抗议，它仍然会不断延续。这
主要是因为它适用于更广泛的叙事。这还有其他实例，包括针对
转基因作物的许多早期说法，也说明了这一点。

归根结底，全球性问题需要全球性解决方案，而且越快熟悉
这些经验教训，我们就越容易减少创新与现有技术系统之间的紧
张关系。转基因鲑鱼在另一个国家养殖再出口到美国似乎可能解
决一些环境问题。然而这对赢得反对者的支持无济于事。反对者
们向超市施加压力，让它们承诺不售卖转基因鱼，这表明了反对
者拖延转基因鱼销售的决心。反对者的措施还包括呼吁对转基因
鱼产品使用特殊标签。尽管没有任何资料表明，它携带的风险与
现有鱼类标记方法标记的那些风险有何不同。

在美国养殖的转基因鱼将继续受到挑战。2016 年年初，参
议员及阿拉斯加州代表丽莎·穆尔科斯基（Lisa Murkowski）向
人们展示了转基因鱼的前景。经过选拔，参议院委员会确认罗伯
特·M. 克里夫（Robert M.Califf）为 FDA 新一任局长候选人。穆
尔科斯基发誓，要阻止克里夫在参议院的任职资格，因为他批准
了转基因鲑鱼的申请。关于克里夫任命的争论主要集中在他与制
药业的关系上，然而穆尔科斯基代表了一个在鲑鱼生产上有经济
利益的州。她说："当谈到 FDA 时，真正重要的一件事是鱼怎么
了。"反对转基因鱼的社会经济根源不能单靠安全理由减缓。

# CHAPTER 9

# 第9章

涂抹润滑油的创新之轮

一群绝顶聪明的谷歌工程师费尽心思，终于研发成功"没有方向盘或用于人类操作的踏板"的无人驾驶汽车，他们没有想到的是，加州一项法案却"要求无人驾驶汽车上路时，驾驶座上必须有持有驾照的司机在场"。

转基因作物含有猪的基因，接触转基因作物使人变成同性恋，尼龙丝袜引发腿癌……纵观创新进化史，少有技术能够逃脱被妖魔化的命运，未来充满更多不确定性，我们如何站立在创新大潮之巅，让生活更加美好？

任何聪明的想法都不能得到普遍的接受，除非有一些
愚蠢的东西和它混在一起。

——**费尔南多·佩索阿**（Fernando Pessoa）

 

本书列举的案例表明，新技术经常会引发社会紧张关系，并威胁改变现有社会经济结构。这种不断更新的对经济革新至关重要的熊彼特式过程也是公众争论的根源。社会紧张关系包括禁令、贸易限制、妖魔化和延迟市场监管许可等多种形式。在许多情况下，监管措施有助于减少公众担忧的来源，并促进新技术的推广。

本书的案例为当代公共政策挑战提供了许多经验教训。世界正在进入一个由三大主流趋势主导的新时代。

首先，人们越来越意识到一些巨大挑战的存在，如促进经济增长、保护环境和改善治理结构等。其次，人们现在认为这些挑战是全球性的，需要采取协调一致的国际行动。最后，技术创新作为人类智慧的表现，在需要大规模过渡的全球巨大挑战方面将发挥更大作用。"我们这一代人承接了更多的改变世界的机会。但只有当我们谨慎考虑我们的选择时，它才成为我们保持乐观的理由。"

关于技术进步过快会带来风险的警告声越来越大。以机器人为例，传统观点认为，机器人会以有限破坏的增量模式出现。人们通常认为机器人正被用来填补技能缺口。这样看来，机器人并没有取代工人，只是给工人重新分配了其他任务而已。这种推理导致如此观点：机器人更有可能取代常规工作，而人类将在更富于创造性的工作中发挥作用。例如，有人认为"像英国和美国这样的经济体，从事创造性职业的人占劳动力的大部分，也许比其他国家更能抵御未来计算机化所带来的就业危机"。

也有人认为，自动化和机器人技术的推广以及人工智能的进步将对经济产生深远影响，而不论现存经济的功能和性质。这种观点基于以下认识：技术进步或许已经达到某个临界点，在这个点上，它所取代的就业机会比它创造的更多。结果是，技术进步因为造成不平等和失业而威胁到社会结构。就业和繁荣的前景越发暗淡。"但如果我们能把充分利用先进技术作为解决方案，同时认识并适应其对就业和收入分配的影响，那么结果则更可能是乐观的。"

显著的社会问题与发达的科技共存。社会无法以现有技术应对可能导致科学事业自身觉醒的挑战。此外，那些从事与人类生存状况恶化相关的商业模式的人，他们会越发反对技术创新。

解决这一难题至少需要一种未来的世界观，以使超速发展的技术具象化，提高人们对复杂社会经济系统内损失的感性认识，并开发更恰当的方法以支持明智的决策。本章将更详细地探讨技术争议对管理的影响。

## 引领：领导者对待创新的正确方式

领导者的主要职能之一是为社会指引新方向。这通常在不确定的条件下进行。正如熊彼特所言，领导者就是在公共领域履行企业家职能的人。这主要体现在促进经济组合创新，并重新分配创新带来的利益和风险。这种领导行为不只限于政府的行政部门。

1980 年，美国发生了标志性的戴蒙德诉查克拉巴蒂案（Diamond v. Chakrabarty），使生物形式的专利发明申请成为可能，它对生物技术产业的形成发挥了决定性作用。在许多其他情况下，立法部门在促进新产业的产生方面也发挥着同样重要的领导作用。相反的情况也时有发生，即当新产业与现有产业相抵触时，也会有领导者压制创新的现象。

审慎决策是民主治理的一个重要方面。这一过程有助于社会确定共同感兴趣的领域，并学会如何共享利益和分担风险。但这不能保证公众咨询等活动的开展都能产生最大的社会利益。例如，很值得怀疑的，各国限制转基因作物种植的审慎程序有利于那些国家。事实上，许多国家正根据新挑战或新证据重新考量并决策。

历史上有许多这样的时刻，需要由掌握着大量政治资本的行政部门的人作决定。审议和咨询为行政行动奠定基础，它们不能代而行使行政权力。促进创新需要相当大的政治勇气。例如，印度绿色革命的风险从一开始就很清晰。通过粮食和农业部长奇丹巴拉姆·萨博拉曼尼亚姆（Chidambaran Subramaniam）的政治勇气去推进绿色革命，这显然是一场有风险的农业赌博。

不过萨博拉曼尼亚姆有不同的想法。与推行绿色革命的副作用相比，他更在意无所作为的风险。事实上，人们对绿色革命表达的许多担忧都有道理，然而萨博拉曼尼亚姆关注的是提高农业产量。这是一种具有政治勇气的行为，是为达到既定目标而付出的代价。

随着国内和全球性挑战的不断攀升，社会对坚定支持新技术应用的领导人的需求也会增加。以两个方面的例子说明对领导者的多样化需求。首先是替代能源应用方面。人们对全球气候变化和国际安全等问题的担忧导致了对持续使用化石燃料的怀疑。大多数争论都在《联合国气候变化框架公约》（*United Nations Framework Convention on Climate Change*）的支持下进行。

达成气候协议的前提条件是拥护者愿意促进可再生能源技术的应用以及采取其他减轻气候变化的措施。太阳能和风能技术的推广就伴随着多元化社会群体的大量反对意见，其中包括代表化石燃料工业利益的游说团体。通过对具体技术的支持，有强大创

业能力的领导者，可以在可持续发展的转变中扮演重要角色。

同样地，领导者也需要帮助解决一些新兴技术的预期影响。这里有三个突出的例子。首先是自动化。对自动化（特别是机器人的使用）影响的担忧并不新鲜。一般的理解是：这样的进步会替代一些工作岗位，但会创造更多就业机会。在这种情况下，我们有可能通过自动化提高生产力，同时培训工人承担新工作。

由于知识和工程能力的快速增长，我们并不能确定关于自动化影响的经典观点在实际应用中是否依然正确。也许，工作消失的速度比社会作出反应（如培训工人或重新设计教育系统）的速度更快。在自动化或人工智能的很多领域，区分人类和技术的优劣会变得越来越困难。两者的融合将使流行的二分法无关紧要。这种情况下就需要决断性的领导者帮助平衡自动化的利益和风险。

一项重要的政策措施是：确保人们能够获得教育和技能培训的机会，以便他们成为具有创造性的成员。包容性经济包括"大规模运营的成熟技术、创造就业机会和收益，包括为未来的就业和收益提供机会的技术开发"。这种包容性经济的实现需要政府干预、机构改革和尚待构想的新管理战略。这个选择可能导致政治动荡的蔓延以及对技术创新的仇视。

其次需要决断性领导者的领域是合成生物学领域，特别是在基因编辑成本急剧下降的情况下。这些技术为医学、农业和环境问题的解决提供了巨大的机会。然而，同样的技术也构成了以往社会没有经历过的伦理、经济和生态上的新挑战。例如，利用"基因驱动"（Gene Drive）的潜在能力使携带疟疾的蚊子不育或发生其他性状改变。该技术可能极大地减少疟疾。但我们对这种抑制现有生态系统中物种的生态后果了解甚少。事实上，只有在后果显现之后我们才能知道。这就需要决断性的领导者在重大的潜在效益和灾难性后果的风险之间权衡。

最后一个例子表明，在国家和国际层面，医学和医疗保健的技术转型需要决断性领导。快速发展的科学和技术提供了广泛地用于诊断、给药、疗法和其他医疗应用的低成本技术。例如，信息和通信技术改善了医疗卫生行业服务，为其在全球（包括新兴国家）的应用提供了机会。事实上，在许多情况下，新兴国家可以跨越式发展，而不必因循工业化国家开创的道路。但现有医疗机构和监管机构没有足够快速地采用新技术。很明显，如果决断性领导者能为这些国家带来新型的医疗卫生服务，它们就能够受益于新兴技术。

随着全球挑战的增加和技术机会的扩大，领导者需要具有不同的人格力量。有时我们要等到目标明确后才采取行动，但在许多情况下，观望事态发展会加剧挑战。因此更为重要的是，决策要以道德价值观为指导，反映对包容性创新的需求，更好地利用科技咨询，不断调整社会制度以及增强公众对科技的了解。本章其余部分将更详细地讨论这些问题。

## 大学扮演的角色

接下来，领导者关注的主要问题是社会如何应对全球性巨大挑战，以及由技术进步和工程应用带来的新的社会问题。领导者需要更加具有适应性、灵活性和开放性以不断地学习。领导者越来越多地被要求在面对不确定性和争议时作出决定。如果他们权衡利弊，力求稳妥，不敢冒险，只是等待证据出现，他们就很可能放弃重要的技术机会。当今世界呼唤具有创业精神的领导者，能够利用可用的知识评估情况，及时采取明智的行政行动并继续监测技术的发展与影响。

事实上，技术争议常常以行政干预解决。例如，批准在美国首次发行商业化转基因产品的决定也最终由总统办公室作出。

另一方面，欧洲虽然任命了欧盟委员会的首席科学顾问，但它却一直未能取得进展。经过四年实践，这一职位于 2014 年被废除。它的反对者指出，当时的首席科学顾问试图推翻欧盟监管体系建立的科学共识。反对者主张为科学咨询提供更多的选择，并将该职位视为有效指导的障碍。科学咨询机构的政治压力不是唯一的。例如，美国的立法者推动通过了一项 2014 年的法案，以防止美国环境保护署采纳它自己的科学建议。

认为技术问题应由专家处理的领导者可能并没有完全意识到创新与政治交织的程度。这在所有经济发展阶段都是如此。新兴经济体必须作出与基础设施项目影响相关的复杂决策，就像发达国家在纳米技术、机器人技术、无人机、合成生物学、人工智能和增材制造（3D 打印）等新领域解决社会问题一样。

大多数公众争论都旨在影响政府对科学、技术和工程的政策。在这方面，政府评估有用信息并将其用于决策的能力是争论的一个基本要素。对创新的政治引导和必要的科学技术咨询机构的存在是经济治理的重要方面。这些机构需要采用一些民主的做法，如透明度和公民参与，以接受不同的专业知识来源。

科学、技术和工程在日益信息化和民主化的社会中行进。"公民、利益相关者、患者和用户都有自己对……社会及其科学技术的观点、意见和认知……对文化的民主治理要求这些形式的知识和经验得到承认，并被允许与科学家和工程师的具体专长一起发挥作用。"这种参与还需要通过程序完整性反映其民主性的机构来管理，并鼓励对与创新相关的不确定性的信任。

不仅咨询的质量重要，而且用于获得这种咨询的程序结构的性质也很重要，尽管不同条件下它们有不同变化。因此，科学咨询机构在很大程度上是对科学评估程序和管理人员的管理。它们的职能还包括确定何时需要提供咨询。

决策者至少有三种结构化的方法获得科学和工程建议。第一是以工作室、会议和研讨会的方式集中提供特别咨询建议。这是目前最常见的方法，也可能是最无效的。在大多数情况下，它更多地用于公众教育，而不是作为系统性建议的来源。第二是各种公共机构内部机关提供的咨询服务。政府部门可能有常设的科学

委员会来履行该职能。第三，建议可能来自科学、工程和医学院校等独立机构。许多这样的机构都是国家机构，但至少应该有一个国际评估机构，如已获得全球认可的政府间气候变化专门委员会。

并非所有的科学和工程院校都为提供系统建议而设立。它们有两种传统职能。一种主要分布在欧洲及其前殖民地的院校，历史悠久，享有盛誉，注重终身成就。它们可能会时不时地被要求提供建议，但这不是它们的主要职能。它们对政策争论的贡献往往受到自身任务的限制，且专注于识别卓越的技术。另一方面，美国自内战时期以来形成了一种新型的院校，它将识别卓越与为政府提供独立政策咨询的稳健的系统结合在一起。

科学、工程和医学院校可以在需要时提供良好的建议，但它们的有效性取决于执行办公室是否存在互补性的咨询机构。总统办公室（或总理办公室）以及主要部委中的首席科学顾问的存在，是咨询生态学的重要组成部分。例如，16个非洲国家都设有国家科学院，但截至2015年，没有一个非洲总统拥有科技咨询办公室。在这种情况下，总统对科学院的建议会充耳不闻。

虽然许多关于技术的公众争论都旨在影响政府对具体问题的政策，对技术的政治引导和必要的科学技术咨询机构的存在也是新技术治理的一个重要方面，但除非政府认为科学技术是国家发展进程的组成部分，否则这种建议是不充分的。因此，提高领导者解决科学和技术问题的能力通常有助于有效地管理新技术，特别是对生物技术的公共争论。

我们的子孙后代必须面对的关键问题之一，是如何管理不确定性。寻找全球挑战的解决方案将涉及更多的冒险、实验和对开放未来的承诺。过去在"预防原则"（Precautionary Principle）的消极解释下，通过在一些领域中压制追求创新来规避风险的世界观，将让位于新的方法。积极应用预防措施会使我们在面临挑战时采取行动，而不是回避挑战。无所作为的做法会导致更大的风险。事实上，预防性观点要求尽早采取积极行动。用抑制创新的方法压制那些争取更开放未来的人，并鼓励那些想要保持现状的人，是社会面临的最大风险。

咨询机构需要保持警惕与帮助领导者管理创新和现有技术系统之间的紧张关系。这将需要扩大监管范围，以规范风险的不确定性。到目前为止，这是管理机构秉承的主导性原则。

美国批准转基因作物时使用的第一个证据是损害证明。在这种制度下，举证责任在于那些提出损害证据的人。依赖于预防原则的另一种架构是反转举证责任，将其置于生产者和监管者身上。扩大监管框架包括利用证据进行预防。这种措施还将考虑到参与者之间的复杂相互作用所产生的新的监管挑战。

这种措施"将关于适当暴露风险的正式和非正式决策，视为监管框架内各种利益相关者的意见、立场和事实解释的复杂互动的产物"。循证的预防措施为超越初始审批阶段的持续治理提供了框架。该措施的实施包括新产品的临时性或限制性审批，同时

为利益相关者磋商和互动提供机会。事实上，这种措施的变体被用在产品要被重新授权，审批的时间有时限。这一措施的基本要素是更加强调后商业化的监控和咨询。

技术创新的过程和相关的工程活动需要考虑社会不满的一些根本性驱动因素。这至少有两个方面的因素。

首先，社会包容性问题需要在新技术的设计中加以体现。不能反映社会和经济包容性需求的创新或商业模式将持续受到挑战，需要在各个层面上强化科学、技术和工程教育以及相关艺术。这对更加开放和民主的社会的出现至关重要。咨询机构需要指导领导人如何促进更具创造性和民主性的文化。

其次，对环境的担忧以及对可持续性发展的普遍性担忧将主导科学、技术和工程在社会中的作用的争论。在这方面，公共政策需要解决如何利用科学、技术和工程的力量促进可持续性发展。人们越来越多地要求工程师、技术人员和企业家设计出能够反映开放式可持续性发展的未来产品。

幸运的是，科学正在帮助人类更好地了解大自然的运作以及如何启发生态设计。咨询机构面临的挑战在于，如何利用科学家的好奇心、工程设计能力和企业家的社会敏锐度来重塑未来的生态形象。

解决全球问题的新技术并不少见，但今天的文化是由先前成功的社会技术织就的。咨询组织需要确定有助于将新想法融入新系统的途径，并同时管理潜在的政治后果。创新的车轮必须根据当代的现实不断地转动。

本书的大部分内容不是学术研究的重点。科学技术研究只会引用这些主题。同样地，社会技术研究也会偶尔关注对创新的抵制。大多数市场营销方面的研究将这种主题视为技术采用的失败案例。

人们普遍认为，抵制创新是新卢德分子徒劳无功的行为，这减少了对文化演变的仔细研究。鉴于创新与现有技术体系之间紧张关系的重要性，现在应将这一领域努力发展成学术上独树一帜的领域，特别是在一些科技大学。这种协调研究的结果有助于为决策者和公众参与技术争议提供信息。至少，本书就是在试图勾勒这样的研究规划的轮廓。

## 包容性创新：新旧技术和谐共存的艺术

诸如获取医药服务、转基因作物或清洁能源等许多全球技术争议，都是人们对包容性创新有不同看法的表现。基础技术被大公司视为在全球激烈竞争的市场上销售的产品。另一方面，新兴国家可能将其看成是为本地创新提供新平台的通用技术。例如，当印度古吉拉特邦引进转基因棉花种子时，当地农民迅速采用，新的抗虫性状提升了棉花品性。对农民而言，种子被视为进一步创新的平台。然而对于孟山都公司来说，这可能被视为产品销售收入的损失。

产品和平台之间的区别很难在反对和支持新技术的人之间保

持严格的界限。包容性创新的倡导者更可能直接与技术创新公司接触，产品观念狭隘的人则倾向于用零和博弈界定政治话语。

人们将争论中的技术的性质以不同的理解方式和目标告知争论双方。那些将微电子看作创新平台的国家，能够利用科技制定新的产业政策，以刺激该领域的创新；那些将它视为一套产品的人则专注于保护现有行业，且几乎没有从变革中受益。在对转基因作物的采用模式方面出现了类似的情况。一方面，转基因作物在南美洲和亚洲得到认可和推广，人们从中受益匪浅；另一方面，转基因作物在非洲遭到排斥。

当有争议的技术的商业模式包括包容性创新的条款时，它可能获得更多的地方支持。这可能需要公共部门机构更多参与，在新兴领域提供培训、建立合资企业、公平管理知识产权、划分市场以使技术能够用于非竞争性产品以及改善政策环境以维持长期的技术合作伙伴关系。

从根本上说，包容性创新的关键要素是打造当地的技术开发能力以及促进公众参与技术开发。大多数情况下，对新技术的反对产生于排斥感。这是关于将技术作为产品还是将技术作为产生新的解决方案的平台之间的微妙区别，尽管后者可能不是外企销售部门的首要任务。

然而，缺乏包容性战略将导致关于公正、公平、公司管理与挑战知识产权制度方面问题的激烈争论。这并不令人意外。从农业和制药技术争议中吸取的经验教训应有助于为新兴技术如基因编辑、人工智能、机器人和无人机制定更具包容性的战略。世界各地的收入差距与技术创新和商业模式的关联度越来越高，包容性创新的情况在当今更加迫切。这些技术创新和商业模式并不一定要创造新价值，而是将现有价值转移给新的所有者。

约瑟夫·熊彼特给世界留下一幅生动的图画：新技术浪潮正席卷全世界。在有关创新对人类福祉的长期影响的问题上，他表现出矛盾的心理。熊彼特认为，对企业社会效益的审查是"如此复杂，甚至是无望的，不参与其中是明智的"。

在熊彼特经典的《经济发展理论》(*Theory of Economic Development*) 一书的第 7 章中，熊彼特预言了经济服务职能被废弃时，社会部门将感到的痛苦。"即使是这些损失造成的痛苦有助于更快地消除过时的事物并激励活跃的事物，但是那些亲自参与演进的人，以及那些离损失很近的人，就有着不同的观点……当新时代的车轮碾过时，对于那些即将被碾碎的人的哭泣声，他们不能充耳不闻。"

熊彼特描绘了那些被创新车轮碾压的企业的悲惨命运。"经过几代人，有问题的人越来越贫穷……生活越来越凄凉绝望。他们会慢慢失去道德水准和智力水平，越是如此，他们的经济前景越发暗淡。他们的公司变得越来越差，甚至陷入越来越不利的局面，成为社会不满的滋生地，落入越来越卑劣的公众游说者的手中。"

通过这种观察，熊彼特很清晰地阐明了创新在多大程度上为

自身挑战创造条件。机器人、3D 打印和人工智能等新兴领域的变革性本质加剧了技术失业的恐慌，从关于录制音乐的早期争论可窥见一斑。人们对于今天大部分技术创新有了新的担忧：要么创造新价值，要么只是将价值转移给新的所有者。这种更大的社会焦虑是对不平等及其潜在政治后果的重新关注的一部分。

对创新的担忧并不局限于引入特定技术，而且还包括其更广泛的社会影响。表面上出现的保守主义或不理性地拒绝新观念，可能代表着围绕道德价值、合法性以及经济利益等更深刻的社会逻辑。在这种情况下，人们必须在更加广泛的社会制度中，而不仅是在反对者使用的修辞工具中，寻求对新技术的反对意见。

对损失的恐惧是人们担忧新技术的最根本的驱动因素之一。大多数情况下，关于新产品的决策由对个人、社区、国家和地区的潜在损失的认识驱动。冲突通常并不是由于实际损失，而是基于历史和当代的发展趋势，通过预估未来而成形。例如，转基因作物和手机这两种主要技术同时出现，但美国和欧洲对它们的管理方式却截然不同。转基因作物似乎威胁到了欧洲现有的农业系统。另一方面，手机似乎与欧洲经济政治一体化的力量相协调。

结果，美国推广手机的速度相对缓慢，但它没有转基因作物在欧洲面临的种种挑战。非洲因袭了欧洲的做法，更加迅速地采用了手机，而对转基因作物采取了更严格的法律。这些模式采用的最根本特征，是对风险和利益分配的认识以及新兴技术在多大程度上加强或威胁到人们对包容性的期望（无论是欠发达的非洲还是寻求使其经济与俄罗斯脱钩的东欧国家）。

在大多数情况下，公众看法的形成是基于危害，而不是实际风险。这经常通过延迟、拒绝或反对新产品或新思路表现出来。它有许多表现形式，经济因素是最持久的。例如在 2015 年，加利福尼亚州提出了《第 1298 号参议院法案》，要求无人驾驶汽车上路时，驾驶座上必须有持有驾照的司机在场，从而在有需要时司机能够接管驾驶。

方向盘的存在因而成为必须，这限制了谷歌汽车的一个主要优点。谷歌汽车"以没有方向盘或用于人类操作的踏板"而著称于世。尽管无人驾驶汽车展示了潜在的比人类驾驶汽车还更安全的特点，法案还是实施了。法案似乎受到了经济而不是安全问题的激励。

这让人联想到 19 世纪 60 年代到 90 年代在英国颁布的《红旗法案》。它的目的是以公共安全的名义在公共道路上管制车辆。这一法律严格限制了车辆可以行驶的速度，并要求在两辆或更多辆车依次行驶时，必须有一个拿红旗的人，走在行驶的车辆前面引路。《红旗法案》阻碍了对更快的汽车的投资。免除了限制的德国则能够建造更快的汽车和相关的交通基础设施。

从现有汽车工业和基础设施跨越到无人驾驶的时代（包括多样化的陆地、空中和水上的交通工具），类似的情况同样可行。例如，无船员船只可能成为世界各地偏远航道的新型交通工具。

在上述两个案例，制定法规的意图都是为了拖延新技术的采用，这主要是考虑其经济后果的缘故。无人驾驶汽车的安全记录可能会破坏汽车保险业。由于责任范围的不确定性，它还为治安监管工作带来了新挑战。

尽管对创新的关注来自经济，但智力和社会心理因素也起到了推波助澜的作用。把握智力和心理争论表象不会自动揭示更深层次的挑战新技术的社会经济力量。人们在社会互动中可以更容易找到对此的解释，而很少在直接的因果关系中找到。

争论往往反映出新技术的变革性本质，以及与当前社会和经济秩序中的惯性或路径依赖之间的紧张关系。随着时间推移，技术与社会机构共同演进，并形成一个由广泛经济利益组成的复杂文化结构。克服路径依赖需要识别开放系统中产生新途径的机会。

新的想法始于合适的商机，并从中蔓延到社会其他部分。这些商机经常由创业浪潮创造，其成功不能提前保证。许多时候，这些商机在不与现行做法竞争的情况下可能会蓬勃发展。这需要在更加不确定的条件下进行更大的创新努力。

在某些情况下，产品的包容性创新和共存是减少社会紧张关系与市场冲突的策略，特别是竞争产品有更广泛的经济效益的时候。

技术包容性的需要也体现在旨在减缓技术推广，而不是试图消除技术的策略。我想到了几个例子。爱迪生最初努力阻止交流电，目的是为他争取更多时间将其投资转移到其他方面。他看到创新的巨大车轮向他这边碾压过来。同样地，美国马协会很大程度上是对创建畜力市场感兴趣，而不是一定要阻止拖拉机前进的脚步。

我们也可以这么说，反对转基因作物的一些人关心的是保持其市场份额。但是对包容性更基本的关注正在起作用。许多质疑非洲转基因作物的人并不反对这项技术，而更关心技术排斥的风险。他们主要感兴趣的是获得新技术，并将其应用于自己的问题。对进口技术的拒绝意味着他们渴望获得相同的技术，但以不同的方式使用它。

矛盾的是，他们对技术挑战的强度，实际上可能表示他们对技术的兴趣，而不是拒绝。紧张局势常常植根于这样的观点，即并不是所有的创新都是好的，正如对创新的福祉影响的担忧所表明的那样。金融部门有充分证据表明，事实上很多时候创新确实构成了"破坏性创造"。

例如，看似适度的农业技术改进也代表着对不确定性的控制，这反过来又成为政治权力和影响力的源泉。"莴苣头生产的背后有许多看似平凡的技术决策，譬如说，如何给作物施肥或如何控制害虫，这些细节构成了一个行业的基础：它们构建了作物种植的体系，也滋长了权力。"通过深思熟虑，人们至少可以确定和塑造包容性的机会。

虽然企业可能采用这种共存的方法，但社会运动往往也分为倾向于消灭技术本身的不同派系。这些声音通常最终倾向于界定争论的性质，并引发与新技术倡导者同样强烈的反应。

创新进化史
Innovation And Its Enemies
WHY PEOPLE RESIST NEW TECHNOLOGIES

在许多情况下，敌意的流动是双向的。因此，早期的对话、协商与和解对于促进技术共存至关重要。密集的公共风险对话，使人们有可能了解技术选择的全部含义。如果努力开始得太晚，那么最终会导致冲突恶化，从而采取过激的行动，如爱迪生的令人毛骨悚然的电击活体动物，或美国音乐家联合会禁止录制音乐而采取的行动。

更温和的技术对抗行为源于有些人将被排除在国际贸易之外的观念。这在赢家通吃的国际贸易体系中尤其重要。美国转基因作物兴起及其占领欧洲市场的前景，加剧了两个市场之间的紧张局势。

技术创新在速度和类型上的差异会引发对市场损失的认识，这导致游说团体努力建立贸易壁垒。其中一个例子就是在美国对日本汽车施加的贸易壁垒。因此，更具包容性的国际贸易，有助于减少创新与现有技术体系之间的紧张关系。这个观点表明，新技术可能会与现有产品共存一段时间。这可能为技术后来者提供投资新兴技术的机会，而不是寻求减少新技术的采用。因此，减少创新壁垒，在帮助新兴经济体或行业成为市场参与者方面，后来者可能发挥着关键作用。

当新产品挑战现有产品时，对新技术的许多争论就会出现。这方面的包容性创新包括与现有技术选择相关的风险谈判。创新促进包容性的另一种方式是解决未满足的需求。例如，手机的快速推广得益于它能够满足新的未满足需求，并有助于传播技术创新的益处。因此，即使与传统的银行系统产生紧张关系，它仍然获得了公众的广泛支持，因为手机为那些曾被排除在外的人带来了银行服务。药物传输和组织工程等领域的进展已经解决了现有技术无法解决的医疗挑战。

像移动通信一样，这些进展可以作为广泛的医疗应用和相关行业的新平台。纳米技术是一个新兴领域，研究的范畴是人类头发丝宽度的千分之一。该技术正在创造不与现有技术竞争的新应用的可能性。这主要是因为小尺寸以及巨大的表面积与体积之比"产生独特、有利的进入细胞的能力，随着时间的推移缓慢释放药物，调节小分子有效载荷的毒性作用，并在一些情况下，放大依赖于表面接触的信号"。这些特性为治疗学、诊断学和影像学中的新医疗应用创造了广阔的前景。

随着新兴技术取代先前的应用，并向用户转移权力，技术包容性也可能发生。卫生保健代表了新技术应用于医学的重要机会，正如手机应用于通信。

技术改变卫生保健前景的一种方式是让患者参与医疗数据的管理。"患者正在自己的设备上生成自己的数据。任何个人都可以随意地测量血压或血糖，甚至通过他们的智能手机为自己做心电图（ECG）。数据会立即得到分析、绘图、在屏幕上显示、测量值更新、存储，并由个人自行决定是否与他人分享。"

科学进步的快速增长趋势，有助于变革的技术范围的迅速扩大。在世界各地难以获得医疗服务的地区，如撒哈拉以南的非洲地区，数字医疗有更大的发展潜力。这些地区可能成为新的医疗

技术应用的发源地，否则这些新技术也许会被工业化国家的现有利益所阻碍。在这些新技术通过逆向创新过程蔓延到工业化国家之前，可以先采用非洲最先出现的移动货币转账和银行业务模式。

像物联网、3D 打印、数字学习和开源运动等新兴领域，为包容性创新提供了合作机会。协作创新改变了生产系统的组织方式。然而，这不会自动导致包容性创新的产生。现有的政策框架需要"被修改为允许包容性创新有特别的一些特征，包括所需的创新特性、所涉及的参与者及其相互关系、他们所进行的学习类型及其运行的体制环境。如果包容性创新要获得成功，那么，产品、零售与支持系统、提供这些需求服务的微型企业和更广泛的背景这四个系统就必须有效"。仅有包容性政策还不够，政策的规划和新技术的设计也需要将潜在的受益者囊括进来。

归根结底，决策者必须投资于管理上的变革，特别是在新技术方面。寻求支持激进技术的政策制定者，必须了解在获得项目经理支持时的挑战。在许多情况下，"限制性心理模式的经理采用的排斥破坏性创新的策略多达五种：奖励渐进主义；忽视破坏性创新的积极方面；着重于从历史的视角看待成功；以高度的努力建立对成功的认识；面对不确定的信息时抱持己见"。解决这些不愿将资源分配给破坏性技术的问题需要更全面地理解创新过程，其中包括抑制或无视新技术机会的经验教训，这些机会是各种新行业的基础。

## 适应性制度支持创新

法律是社会制度最明确的表达方式之一。人造黄油的案例显示了人们如何运用法律手段寻求限制该产品的采用。同样地，法令法规减缓了机械制冷的发展进程。最近几十年来，通过采用国际条约减少或促进新技术的情况有所增加。事实上，全球化提高了科技外交的重要性。

我将用两个例子说明这一点。为了努力减少臭氧层的破坏，各国政府接受了 1987 年通过的《关于耗损臭氧层物质的蒙特利尔议定书》(*Montreal Protocol on Ozone Depleting Substances*)。在一系列修正案中，该议定书寻求限制生产某些消耗臭氧层的物质，并促进替代品的生产技术。

相比之下，《生物多样性公约卡塔赫纳生物安全议定书》则创建了一种制度，旨在限制使用转基因作物，而不提供可行的替代品。该议定书成为寻求减缓转基因作物推广的国家立法的纲领性文件。其目的在于，在国际上达成人造黄油和制冷法律曾在美国取得的成效。

作为聚集支持力量和酝酿社会运动的一种方式，制度因素在公共话语框架中发挥着重要作用。其核心特征是以各种民主原则推进政治目标的实现。实际上，这些政治运动所开展的活动不一定与它们支持的目标相关。例如，一些挑战转基因作物的组织声称为了保护生物多样性。但很难证明，其行动能够达成既定目标。

他们很可能经常攻击那些有益于生物多样性的技术。实际上，些组织只是利用生物多样性来达成其他政治目标。

同样地，新技术的倡导者倾向于关注改善健康和环境方面的意见，但通常他们的技术还处于早期阶段。在这种情况下，基于假想的主张而不是基于证据的冲突，往往会愈演愈烈。通常，只有拿出强有力的证据或技术主角消失了，争论才会偃旗息鼓。

产品标签成为紧张关系的生动表现。消费者有权知道他们购买的产品中包含什么。事实上，世界各地的监管机构已经为各种形式的标签制定了标准。这些标签上的内容包括食物的营养组成、添加剂或已知的过敏源。虽然有不同的标签标准，但最常见的标签标识的是产品本身，而不是产品的生产过程。

围绕新产品标签的许多争议都源于倡导者声明的目标与其实际政治动机间的差距。公众可能已经看到，给人造黄油贴标签，是借保护消费者而提出的，但表面上往往没有明确的保护目标。

对于知情权而言似乎是合法的诉求，实际上可能是为了品牌化而推动的。因此，消费者可能会出于保护主义的原因而加以拒绝。正是由于这个原因，即使诉求看起来符合知情权的民主标准，许多企业仍然坚持反对标签法。在这种情况下，由于许多寻求政治目标的人常常披着公共利益倡导者的外衣，因此不大容易区分是出于知情权的诉求，还是为了政治目的而进行品牌化的愿望。

紧张关系的特征之一是通过立法，将监管原则从一种产品扩展到另一种。我们可以在合成生物学领域（即将工程学、生物学和物理学融合的领域）看到这种监管扩张的实例。这个新兴领域涉及将工程原理应用于生物学，其趋同性提高了监管的不确定性。

我们目前尚不清楚，合成生物产品的风险状况是否应受到为工程或生物技术产品开发的安全措施的约束。显而易见的做法是根据每种产品的价值评估每项申请的风险。例如，基因驱动这类具有潜在大规模生态影响的新技术可能比已经广泛使用的作物基因组编辑更需要严格的审查和公共咨询。

然而，一些相关团体试图将《生物多样性公约卡塔赫纳生物安全议定书》作为转基因作物开发的原则应用于合成生物学。他们认为该领域是遗传工程学的延伸，并希望它被这样监管。

遗传工程学和合成生物学的技术进步正在迫使政府重新思考新产品的规范化。一些政府正在使用新兴信息技术，以完全不同的方式审查其监管做法。事实上在 2014 年，英国研究人员就开始呼吁进行这种立法改革。这样的改革将继续在创新管理中发挥重要作用，主要有以下两个原因。

首先，引进新技术在许多情况下需要制定新的监管措施，并与实践做法共同演进。寻求对新产品进行类别化监管（如转基因鲑鱼）的漫长历史说明了这一点，而非创建新的监管制度。这种制度下的新产品审批，需要对现行法规作出渐进式改变，它以制度的灵活性和立法的可借鉴性为前提。

其次，为新技术创建空间可能涉及废除旧法律。在人造黄油的案例中，人们是这样做的。在许多国家处理转基因产品问题时，

也将需要这样做。鉴于立法在建立社会秩序方面发挥的重要作用，具有适应性立法系统的国家，将更有利于促进技术和社会机构之间的协同进化。这可以作为更广泛的治理议程的一部分。它需要司法系统、立法部门、行政部门的人以及一般公众，拥有相同的科学素养。这并不是要将律师变成科学家和工程师，而是需要律师更深刻地理解协同进化和技术与社会之间的双向互动。

总体来说，有必要确保"监管措施具有强大的实证基础，既要有事先的仔细分析，也要回顾性地审查什么是有效、什么是无效的"。这使人们质疑监管机构面对新兴技术时谨慎行事的倾向。有了证据在手，监管机构就"可以使用实验规则、监管终止或根据规则制定的最后期限，校准新技术或商业惯例的监管措施"。重点是为知情决策和规则制定提供框架。同样重要的是，科学和技术咨询的作用是确保法律能够充分反映新兴技术的特点。

紧张关系的另一个例子是增材制造（或 3D 打印）的崛起，其发展速度之快，甚至法律的制定都赶不上它的步伐。主要的法律挑战之一是数字信息和物理对象的潜在融合。减少技术紧张的建议可能包括免除 3D 打印使用的数字信息的知识产权侵犯。出现的知识产权问题，实际上反映了技术创新与现有技术之间更深层次的紧张关系。

包容性创新不仅是为了促进更广泛的社会参与的象征性努力。它需要人们更深入地了解社会排斥创新的更深层次的原因。新技术之所以引发紧张关系，重要的原因之一是性别差异。例如，新农业技术对农村妇女的潜在影响激发了世界各地反对新技术的长期社会运动。与性别有关的技术往往招致强烈的反应，这样的案例在历史上被广泛记录。然而，这种相关性仍然为大多数技术分析师所遗漏。

1880 年，法国的婴儿恒温箱的发明就是一个很好的例证。由斯蒂芬·塔尼耶（Stéphane Tarnier）博士开发的设备最初基于这样的假设：母亲的角色仅是为婴儿提供温暖。对该技术的强烈反应导致该设备的重新设计：将母亲置于护理过程的中心，医生只是监管者。

性别是社会组织结构的一个重要方面。但还有年龄、收入、社会流动性、教育程度以及社区边缘化等许多因素。作为创新的关键因素，它们也需要被正确地理解和承认。归根结底，新技术最有可能扩大社会的差异。对这些差异的认识足以使人们对新技术产生焦虑。

## 公众教育：新技术与旧现实的缓冲剂

技术争议往往集中在物理和更显著的应用方面。例如，对风能和手机的反对意见分别集中在涡轮机和手机信号塔上。对这样的反对意见，有效的回应就是提供工程上的解决方案，降低涡轮机的可见性或让手机信号塔模拟树木，融入周围景观。只在工程上作出回应是不充分的，除非同时在公众教育中作出较大努力。

许多公众教育计划都失败了，因为提供教育的人认为，社会

担忧新技术的根本原因是无知。相反，人们常常发现对新技术的担忧源自知性且受过教育的人群。转基因作物以及疫苗接种的案例都是如此。专注于对抗无知的教育计划在某些情况下只会疏远公众。因此公众教育应该有更高的目标，以提高风险评估过程的合法性和质量。最终，教育的目的应该是使受教育者能够明智地运用风险认知，并提高对新技术的信任度。这些努力需要以科学为依据，并且还可以在信任的基础上增强与国家监管机构的合作。

在辐射食品[①]的案例中，人们就是这样做的。反对者试图将该技术与核弹爆炸造成的恐怖性后果联系起来，而"辐射食品的倡导者们发起各种健康性研究，收集数据以证明辐射食品的安全。他们努力建立起基于科学的信任制度"。

然而，当事故或疾病的爆发破坏了公众的信任时，要重新恢复公众的信任就变得更加困难。通常，公众不仅对产品和公司，而且对包括监管机构在内的相关系统也失去信任。在这种情况下，重新恢复公众的信任可能需要新的协商来稳定生产、控制系统和品牌认同等不同要素。这样的努力必须完全透明化。我们从一起儿童感染沙门氏菌事件中可见一斑。

1987 年，一些儿童在食用了尼达尔公司[②]的巧克力后，感染了沙门氏菌。在这一案例中，重新恢复公众的信任"要求对构成品牌的每一个不同的要素（生产、控制系统和品牌认同）进行重构"。

---

①辐射食品，亦称辐照食品，是指用一定量伽马射线、X射线或电子束照射过的食品。采用辐射的方法可消灭食品中的细菌和寄生虫，以达到防腐保鲜的目的。
②1912 年在挪威特隆赫姆创建的一家巧克力工厂，已有百年历史，是挪威最受欢迎的巧克力生产商。该工厂除了生产巧克力之外，还生产一些糖果，最有名的就是男人和女人形状的软糖。

对新技术展开争论是新产品的社会话语悠久历史的一部分。新技术承诺的主张有时会受到怀疑、中伤或彻底的反对，这往往以诽谤、含沙射影、恐吓战术、阴谋论和误传为主。

新技术会带来未知风险的假设对争论产生了很大影响。这通常会被放大到令已知风险黯然失色的水平。例如，农业使用大量农药具有已知的风险。反对的重点往往是针对新产品的意外风险，而不是意外益处。争论的另一个特点是假设采用新技术会带来新风险，而无所作为则无风险。因此，大多数的沟通工作并不考虑不作为的风险。

历史上的先例在技术争议中扮演了重要角色。它们为新技术的争论提供了探索法和类推法。先前被禁止或限制的产品，通常被反对者用作禁止新产品的范例。在化学污染和基因流动①之间进行的努力，就是遵循或仿效先例的例子。相当大的创造力都来自运用这种逻辑谬误和妖魔化。事实上，关于新产品的许多争论都由谬误的冲突引起，这通常与缺乏承认对它们感兴趣有关。盛怒之下，大多数人都不会指出那些逻辑谬误。他们通常会盘点政治上取得的成就，而不把推理或提供证据当回事儿。结果只证明了其修辞手段的正当性。

这样的例子包括"防腐食品""公牛黄油""遗传污染""弗兰肯食品""科学怪鱼""魔鬼的仪器"等。电话首次被引入瑞典

---

① Gene flow，也称为基因转移，指在族群遗传学中，从一个种群到另一个种群的基因转移。转移的过程可能会通过动物种群的迁徙或是植物花粉的随风飘散等过程完成。

时遭到了嘲笑。大多数情况下，主流通信几乎不迎合大量使用标语口号的做法。然而，像"弗兰肯食品"这样的术语已经成为关于转基因作物的争论的持久性特征。其全部的目的就是制造出对新技术及其倡导者的负面看法。它常伴随着对产品的诽谤和卑鄙的误传，以及人身攻击或人格损毁那些与新技术有关的人。

妖魔化创新通常与美化现有产品和做法的运动相关联。事实上，熊彼特式的创造性破坏过程需要横扫一切，包括新技术在内。反对者努力用怀旧方式放大公众的失落感，常用陈词滥调如"过去的好时光"大肆渲染。而经常归因于现在的世界末日的恐惧，则成为了"不堪回首的过去"的文化记忆。

创新的反对者们总是重温老传统，仿佛老传统本身在过去的某个时间点上不是新发明似的。在此我并不是要诋毁老传统，而是想指出，美化过去只不过是被新技术的反对者当成一种阻碍新事物的政治工具。对创新的妖魔化将时间一分为二，从而很难通过新、旧融合来扩大技术的选择性。技术融合的理念更进一步证实了包容性创新的重要性。新技术的拥趸应该对其创造的社会经济影响同样敏感，因而更应该大张旗鼓地宣传包容性创新。

这些攻击也扩大到了科学证据被诋毁或被驳回的情况，因为人们认为科学证据出于企业利益，已经带有了偏见或是策划出来的。另一方面，支持者倾向于夸大新产品的效益，而低估其风险。利益冲突的问题塑造了公众的看法，对新技术研究的支持从公共部门向私营部门的转变削弱了公众对转基因作物、可再生能源和其他新兴技术的信任。

公信力是管理不确定性和风险的一个重要因素。它涉及依靠另一个代理商或个人按照某人的利益行事。它需要具有分享社会互动的利益和风险的能力，甚至在最基本的市场活动中也必不可少。人们不可能预先知道销售产品的所有属性，所以为了让市场发挥作用，必须暂停对信任的判断。信任不仅是一种信念行为，而且由诸如社会规范、民族忠诚或监管机构等社会制度惯例保障。由于风险共担、利益共享的前景，信任有助于减少常以谣言形式出现的恐惧趋向。

谣言通常以负面观念传播。其中一个是关于手机电火花的风险的谣言，美国部分地区的加油站因此限制手机使用。经进一步调查证实，火花是由于司机在加油时进入车内，使身上被再次附上静电所引起的。手机只是替罪羊。这些谣言中有许多都是非常极端的。2003 年，一则谣言在菲律宾疯传：那些曾到过转基因作物种植地的男人会变成同性恋。但有些谣言是基于事实。

20 世纪 40 年代，美国推出了尼龙丝袜，这显然是要取代丝绸袜。有传言称女性"已经患上了腿癌"，结果却是用于丝袜的一些染料引起的过敏反应。还有未经核实的报告称，当一位女士经过一辆公交车的排气口时，她发现"汽车尾气把尼龙丝袜从腿上吹跑了"。

在这种不确定的情况下，与新产品相关的纠纷往往通过旷日持久的争论解决，而对任何一方的胜利都没有明确的标准。许多情况下，解决方案通过向上级申诉实现，这也是现有企业为抑制

新技术而采用的一种手段。它可能需要采取司法裁决的形式，甚至是领导人签发的法令。但在某些情况下，冲突通过妥协解决，反映出了风险和利益共享。

值得注意的是，新技术的批评者常以两种基本方式界定争论的规则。首先，他们设法制造出一种印象，即论证安全的责任在于技术的倡导者。换句话说，直到新技术被证明是安全的之前，它的产品都是不安全的。其次，批评者一直有效地将争论框定在环境、人类健康和伦理等方面，从而回避了潜在的国际贸易效益。人们之所以这样做，是因为他们可以设法团结一大批真正关心环境保护、消费者安全和社会道德价值观的积极分子。

人们普遍认为，推动公众争论的共同努力将有助于沟通并引导新产品的接纳。某些情况下可能是这样的，但一般来说，引起担忧的问题都比较重大，不能仅通过公众争论解决。这主要是因为争论的根源在于技术的社会经济意义，而不仅是出于修辞方面的考虑。公众争论有可能仅仅有助于澄清或扩大分歧点，而无助于解决基本的经济贸易问题。

关于技术作用的许多争论都基于假设性的主张：生产者或消费者手中没有真正的产品。在这种情况下，除非有实际的参考点，否则仅有沟通和对话是不够的。换言之，反驳批评者并不像在市场上展示产品的优点那么重要。这可以通过当地科学家、工程师、企业家、决策者和民间社会组织的协作努力实现。在这种集体共同作用的方式下，大部分结果都取决于共同的信念，而不是科学证据。

解决科技沟通的问题，需要更好地了解沟通的生态环境和沟通不畅的风险。虽然批评者倾向于采用各种各样的社会运动推动事业的发展，但倡导者应主要侧重于中央机构。虽然在现代沟通生态中，其影响在很大程度上是微不足道的，但创造必要的多样性需要扩大科技在人类福祉中作用的社会基础。

科学和工程领域的成员们常以疏离公众的方式沟通。第一个也是最常见的方式是使用行业术语。这是大多数行业的共同特征。学习如何与公众沟通是减少不信任的重要方面。科学家和工程师经常表现出某种程度的英雄主义，这可能会无意中降低他们为新技术建立信任的能力。

当"无畏的鸟人"的形象只有助于传播对飞行的恐惧时，这个来自航空工业早期历史的故事就具有了警世作用。这个问题严重到令"一位医生……援引达尔文进化论中的话说，飞行员是鸟类的后裔，而绝大多数人类是鱼类的后裔，故而我们永远不能够驾驶飞机"。该行业通过吸引女性飞行员而幸存下来，她们的存在向世人传达的信息是，飞行是轻松、安全的。但这又造成了行业自身的紧张关系，因为在公众对这个行业获得信心后，女性最终被降级为辅助角色。

这里的关键是，科学家和工程师可能会不知不觉地削弱公众对他们的信任，使之看起来像是让一种特殊的人做他们正在做的事情一样。如果确实如此，一般公众可能就会感到新技术中存在有未传达给他们的风险。问题不在于教育公众，而在于让科学和

工程界的成员寻求与他人联系。只有这样，科学家和工程师才会被视为社会的一部分，而不是一些技艺超群的独特个人。

传统观点认为，科学是基于权威机构传播给公众的不可变的事实。这一观点正受到要求更多参与决策的方法的挑战。换句话说，科学信息正受到一些民主做法的影响。

争议推动着技术问题的公共话语向着新领域前进。一方面，社会被迫处理技术上的本质问题；另一方面，科学界面临着接受非技术性事务作为有效决策的压力。科学、技术和工程领域将不仅需要明确的领导意识，还需要调整沟通方式，以适应日益增长的复杂性和科学的多样化需求。

今天，大部分科技交流主要关注突破性进展的本质，而很少注意到新兴技术对整个社会的影响。不论何时的交流，他们都会以标准的新闻稿形式发布一些目前科技可能带来的益处，但通常很少评估现有企业做法的意义。

用新技术解决早期技术带来的风险是很常见的做法。生物修复是一种新技术，用于清除早期技术造成的污染。科技交流特别有助于公众了解新技术相对于现有技术的潜在利益，但促进更明智地审议新兴技术的利益和风险，还有很长的路要走。某种程度上，这种方法的前提是具备及时评估科学和技术的能力。但在公众看法成为公众叙事的一部分后，这些评估对转变公众的看法几乎没有什么影响。

例如，关于核反应堆的安全记录及其对减少能源潜在影响的证据，对转变公众的看法影响不大。这种评估，包括对其有效性的确定，可以由学校或致力于科学、技术和创新政策研究的智囊团承担。作为可靠信息的来源，这种研究的独立性对评估的有效性至关重要。

归根结底，人类可利用的正是那些能解决争论的有用的技术产品。这需要采取不同的方法来处理怀疑主义，从对抗反应转向集体学习。在许多情况下，新技术的倡导者倾向于过度关注挑战的具体来源。旨在让怀疑论者改变主意以支持新技术的努力，可能看起来具有战略意义。

然而，怀疑论者往往不能领会，他们通常只代表人口中的一小部分。更活跃的人士通常花时间去影响那些还没有对新技术形成意见的大多数人。只关注怀疑论者往往会减少促进其他人集体学习所需的精力和时间。关键是不要忽视怀疑论的来源，而重视那些看似沉默最终却决定新技术命运的大多数人。在这方面，侧重于包容性的学习方法，实际上可能是比对抗更重要的策略。

## 创新的函数：掌握技术加速度

创新是全球社会的未来标志，其挑战将随着科学、技术和工程能力的扩大而增长。与此同时，促进创造力和创新的技术也将成为文化惯性的根源。以技术和工程的力量解决社会问题时，社会制度的互补性调整也应同时发生。这些进步反过来又要求科学

和技术上更开明的社会。这需要在社会、政治和文化领域的民主原则引导。

世界各地的文化史表明，人类不只追求基本生存。"我们需要挑战、意义和目的，我们需要与自然保持一致。技术把我们和这些东西分开时，就会带来死亡。但技术增强这些东西时，则会肯定我们的生命和人性。"正是这种对人类冒险精神、意志、持续进步及优势的肯定，才是对人类福祉的真正捍卫。

我们的分析或许具有深刻的启发意义，但创新与现有技术之间的紧张关系不会消失。与现有技术相比，社会习惯于给创新分配更大的风险指数。在日益复杂和不确定的世界中，无所作为的风险可能超过创新的风险。

归根结底，技术、经济和更广泛的社会将作为一个整体协同进化。新兴技术的支持者和反对者都不可能从全新的社会经济结构中被根除。旧的模式通常不能很好地预测未来，保持开放，并以包容和透明的方式进行实验，比把旧模式的说法强加于人更有价值。

正如科罗拉多大学布尔德分校的物理学教授阿尔伯特·A. 巴特利特（Albert A. Bartlett）所言："人类最大的缺点是无法理解指数函数。"我希望，未来的政策制定者能更加注重技术创新的快速和制度调整的缓慢之间的脱节问题。更好地理解这一复杂现象，将有助于澄清创新与现有技术之间的紧张关系。

# GRAND CHINA

## 中 资 海 派 图 书

[英] 本·安布里奇　著　黄青萍　于夙玉　译

定价：45.00 元

# 所有动物都同出一脉，
# 人类凭什么特殊？

- 科普版《怪诞心理学》《星期日泰晤士报》年度最佳图书获奖作者本·安布里奇的经典著作。

- 塞尔维亚人和英国人表现出了强烈的"啄食顺序"倾向？

- 在视觉与数字的智力比拼中，你或许比不上黑猩猩？

- 鹦鹉能轻易学会的选择题，人类要花一年的时间来学习？

- 乌鸦、松鼠和箱龟（或许还有你）都能展示出"抽象思维"？

- 充满独特的开创性测验，翻开本书，与那些聪明的动物一较高低吧。

# GRAND CHINA

中 资 海 派 图 书

政府采购图书

[美] 理查德·多布斯  詹姆斯·马尼卡  华强森  著

谭 浩 译

定价：42.00 元

---

## 诠释价值万亿的商业生活新事实
## 顺势重构既有的造富大趋势

---

- "一带一路"、亚投行、丝路基金等重磅战略无一例外地指向中国西边，全球经济重心真的会重返中亚？经济超体美国甘心被边缘化？

- 特斯拉汽车还没上市，消费者就争先缴纳了 1.6 亿美元购车款，企业将其作为运营资本，这是空手套白狼，还是颠覆性的融资方法？

- 互联网普及率只有 16% 的非洲，却可以让近 50% 的居民随时随地上网。互联网和移动互联网究竟是一对相生相伴的兄弟，还是一对相生相克的冤家？

- 《财富》500 强企业 CEO 推荐，转型变革必读书！

GRAND CHINA

C H I N A

PUBLISHING HOUSE

未来 30 年
战略规划必读书

[英]帕特里克·迪克松　著　马林梅　译

定价：49.80 元

# 重构人类未来认知之书

● 苹果 iWatch 和谷歌眼镜同为可穿戴设备，为何前者成为新业务增长点，后者却遭遇滑铁卢？

● 把芯片植入人脑，组建脑力网，依靠意念可以给千里之外的朋友发送电子邮件？黑客攻击会带来怎样的后果？

● 量子通信已成事实，量子计算机的计算能力可以超过电子计算机 100 万倍，它能够摆脱摩尔定律吗？

● 商界高层领导者未来 30 年战略规划必读作品，精英人士跻身上流社会的创富指南。

# GRAND CHINA

## 中 资 海 派 图 书

**360 公司创始人**
**周鸿祎推荐**

[美] 乔希·米特尔多夫　多里昂·萨根　著

杨　泓　孙红贵　缪明珠　译

定价：55.00 元

# 新生命科学正在改写人类命运

- 人们总以为，衰老不可避免，然而事实并非如此。

- 为何一些健康细胞会莫名自杀，导致肌肉萎缩、脑细胞缺失？

- 自然界中各物种的寿命差异为什么如此大？人类为什么不能进化得再长寿一点？

- 人体正在有计划地毁灭自己，永生不死终能成真吗？

- 本书满含对衰老和死亡的全新理解，特别是对个体如何延长生命给出很多创见，具有很高的商业和社会价值。

[美] 达罗·A. 特雷费特　著　易　伊　译

定价：52.00 元

---

# 每个人的大脑里都潜藏着一个天才，
## 我们要做的是——找到他！

---

● 在喧嚣热闹的人海中，有一小群人安静地生活在少有人问津的"孤岛"上。

● 奥斯卡获奖电影《雨人》让"自闭学者"一词家喻户晓，天才和低能为何会同时出现在一个人身上？

● 日历计算、领唱者、外国口音、超忆症……罕见的学者综合征之下，究竟还有多少未解之谜？

● 记忆在其中扮演了什么角色？科学界对此争论不休，而新兴的表观遗传学又会带来怎样的范式转移？

● 每个人的大脑里都潜藏着特定天赋。经由识别、开发及塑造，人人都可成为某领域专家，收获幸福、充实、尊严的人生。

 海派阅读
GRAND CHINA

✕

READING
YOUR LIFE

# 人与知识的美好链接

近20年来，中资海派陪伴数百万读者在阅读中收获更好的事业、更多的财富、更美满的生活和更和谐的人际关系，拓展他们的视界，见证他们的成长和进步。

现在，我们可以通过电子书、有声书、视频解读和线上线下读书会等更多方式，给你提供更周到的阅读服务。

🕊 微信搜一搜

🔍 海 派 阅 读

关注**海派阅读**，随时了解更多更全的图书及活动资讯，获取更多优惠惊喜。还可以把你的阅读需求和建议告诉我们，认识更多志同道合的书友。让海派君陪你，在阅读中一起成长。

也可以通过以下方式与我们取得联系：

📱 采购热线：18926056206 / 18926056062　　📞 服务热线：0755-25970306

📧 投稿请至：szmiss@126.com　　🌐 新浪微博：中资海派图书

更 多 精 彩 请 访 问 中 资 海 派 官 网　　( www.hpbook.com.cn　› )